Rethinking
Reconstructing
Reproducing

*

———

"精神译丛"
在汉语的国土
展望世界
致力于
当代精神生活的
反思、重建与再生产

———

*

Le normal et le pathologique

Georges Canguilhem

精神译丛·徐晔 陈越 主编

[法]乔治·康吉莱姆 著　李春 译

正常与病态

西北大学出版社

乔治·康吉莱姆

目　录

说　明 / 1

一、关于正常和病态的几个问题的论文（1943） / 1

第二版序 / 3

导论 / 7

第一部分　病态只是正常状态的量变吗？ / 10

　　Ⅰ. 问题介绍 / 10

　　Ⅱ. 奥古斯特·孔德与"布鲁塞原理" / 18

　　Ⅲ. 克劳德·贝尔纳与实验病理学 / 34

　　Ⅳ. R. 勒利希的观念 / 58

　　Ⅴ. 一种理论的多重含义 / 68

第二部分　关于正常和病态的科学存在吗？ / 77

　　Ⅰ. 问题介绍 / 77

　　Ⅱ. 对几个概念的批判性考察：正常、非正常和疾病；
　　　正常的与实验的 / 84

　　Ⅲ. 标准与平均 / 107

　　Ⅳ. 疾病、治疗、健康 / 132

　　Ⅴ. 生理学与病理学 / 152

结论 / 175

参考文献 / 178

人名索引　/　184

二、关于正常和病态的新思考(1963—1966)　/　193
　　二十年后　/　195
　　　　Ⅰ.从社会的到生命的　/　198
　　　　Ⅱ.关于人身上的机体标准　/　219
　　　　Ⅲ.病理学中的一个新概念:错误　/　237
　　结语　/　250

　　参考文献　/　251
　　人名索引　/　254

附　录　/　259
　　生命:经验与科学　米歇尔·福柯　/　261
　　《乔治·康吉莱姆的科学哲学:认识论和科学史》引言
　　　路易·阿尔都塞　/　279

译后记　/　287

说　明

本书是两项研究的合集。其中一项不曾出版，但讨论的是相关的主题。这是我的医学博士论文的首次再版，承蒙斯特拉斯堡大学人文学院出版委员会的热情应允，被纳入法国大学出版计划。对制定这一计划的人，对推进这一计划实施的人，我要在此表示衷心的感谢。

我不敢说这次再版到底是否必要。我的论文确实有幸引起了医学界和哲学界的某种兴趣。我目前的希望就是，人们暂时不会认为它已经过时。

我还将一些未曾发表的思考，添加到了第一篇文章（第一部分）中。我试图以此来证明自己已经努力地——如果不能说是成功地——使一个我认为根本性的问题与不断变化着的事实数据处于同样新鲜状态。

G. C.（乔治·康吉莱姆）
1966

第二版对某些细节做了修订,并补充了一些注释,已用星号标明。

G.C.(乔治·康吉莱姆)

1972

一、关于正常和病态的几个问题的论文（1943）

Essai sur quelques problèmes concernant le normal et le pathologique

(1943)

第二版序[1]

这是我的医学博士论文的第二版。它完全是1943年初版的复制品。这绝不是因为我对它感到完全满意。只是,一方面,斯特拉斯堡大学文学院出版委员会——我要衷心地感谢其同意重印我的著作——无法承担修订此书的相关费用。另一方面,相关的修订和增补,会在今后的一本更全面的著作中出现。在这里,我只想指出,对于本书的第一版来说,本来还可以从哪些新的阅读材料、哪些已经作出的批评和哪些个人思考中获益。

首先,就在1943年,我本来可以指出自己当时能从莫里斯·布拉丁(M. Pradines)的《普通心理学》(*Traité de psychologie générale*)和梅洛-庞蒂(Merleau-Ponty)的《行为的结构》(*Structure du comportement*)这类著作中发现有益于本书中心议题的东西。但我当时只能指出第二本书,它是在我的书稿付印时才发现的。第一本我当时还没有读过。只要回顾一下1943年图书流通的条件,就能理解那个时代收集文献资料的困难。另外,我得坦白承认,自己并不必对此感到遗憾,因为我更喜欢与同样真诚的另一个人达成默契。这种契合的偶然性,更加突出了认知上的必然性所具有

---

[1] 1950年——第一版出版于1943年。

的价值。

假如这些论文是在今天写的,我将会给汉斯·薛利(Selye)的著作,以及他的机体报警状态(l'état d'alarme organique)理论更高的评价。这篇文章也有助于调和勒利希(Leriche)和戈尔德斯坦(Goldstein)两人那些粗略一看差别很大的论文。我对他们的论文同样有很高的评价。薛利证明,行为的失败或者失常,就像它们所引发的情绪和疲劳那样,通过不断的反复,在肾上腺的皮层上产生一种结构性的修正,这类似于引起大量纯或不纯的荷尔蒙,或者有毒物质进入内部环境的那种状况。障碍性紧张的每一种机体状态,每一种报警(alarme)和悲痛(**应激**)行为,都会引发肾上腺的反应。这种反应是"正常的",就机体内肾上腺酮(corticostérone)的行为和效果来说。另外,被薛利称为适应反应(réactions d'adaptation)与报警反应(réactions d'alarme)的这些结构性反应,也同样与甲状腺、脑垂体或肾上腺密切相关。然而,这些正常的(即在生物学意义上有利的)反应,在诱发报警反应的各种条件非正常的(即在数量上非常频繁的)重复中,最终损害了机体。在某些个体身上,失调的症状就出现了。肾上腺酮的重复释放,要么引发功能障碍,比如血管痉挛和高血压,要么引发形态的损伤(lésions morphologiques),比如胃溃疡。正如人们所观察到的那样,在上次战争中遭受空袭的英国村庄里,村民中出现了数量惊人的胃溃疡病人。

如果根据戈尔德斯坦的观点来解释这一事实,那么,人们会把它归入到灾难性的(catastrophique)行为中,而如果根据勒利希的观点,人们会认为这是由生理障碍引发的组织异常(anomalie histologique)决定的。这两种观点远非相互排斥。

同样，如果今天来谈畸胎发生问题，我会大大受益于埃蒂安·沃尔夫（Etienne Wolff）在《变性》（Les changements de sexe）和《畸形学》（La science des monstres）上所做的工作。我会更多地强调通过对畸形的认识来认识正常形态的可能性甚至必要性。我将会更加坚决地提出，本质上，在一个成功的生命形式和一个失败的生命形式之间，并不先天地存在本体论的差异。而且，我们能够谈论一个失败的生命形式吗？在还没有确定生命必然要具有的性质时，又怎么能发现一个生命的缺陷[1]是什么呢？

比起那些赞赏和肯定——它们不仅来自医师、心理学家，比如我的朋友、索邦大学教授拉加斯（Lagache），也来自生物学家，比如阿尔及尔医学院的萨比亚尼（Sabiani）先生和科尔（Kehl）先生等——我本来更应该考虑到斯特拉斯堡大学自然科学部的路易·布努尔（Louis Bounoure）先生宽容而又坚决的批评。在《生物的自主性》（L'autonomie de l'être vivant）里，布努尔先生带着智慧和诚恳，批评我向"进化论的执迷"妥协，并且，可以说，他独具慧眼地把生命的标准化（normativité）这一观念看作是人类的超越性倾向在所有生命体上的投射。把**历史**引入**生命**（在这里，我想到的是黑格尔以及黑格尔主义的解释所带来的问题）是否合法，确实是一个很重要的问题，这既是生物学的问题，也是哲学的问题。可以理解的是，我不可能在一篇序言里讨论这一问题。至少，我想说，它并未逃出我的注意范围，我希望在以后来处理它，而且，我很感谢布努尔帮我指出了这一点。

---

[1] 这里的"缺陷"的原文是"manque"，与前文"失败的"的原文"manqué"是同根词，它们的动词形式是"manquer"（缺少）。——译注

最后，可以确定的是，如果在今天对克劳德·贝尔纳（Claude Bernard）进行阐释，我就不可能不考虑 1947 年由德卢姆（Delhoume）博士负责出版的《实验医学原理》（*Principes de médicine expérimentale*），在这部著作中，贝尔纳比在其他地方更为详尽地考察了病态现象的个体相对性问题。但是，我并不认为我对贝尔纳的观点的判断，会在根本上被修正。

最后我还想补充一点，某些读者因为我的结论很简短，以及它们向哲学大门保持敞开这一事实，而感到震惊。我必须说，这是有意为之的。我曾打算为将来的一篇哲学论文做些铺垫。我知道，在这篇医学论文中，我为哲学的幽灵所做的牺牲，即使不算过多，但至少也已经够多了。因此，我特意将我的结论，以简洁而适当的方法论性质的命题这样的形式来呈现。

导 论

在人身上,病态结构与病态行为问题大量存在。先天性的畸形足、性倒错、糖尿病、精神分裂等所引发的一系列问题,最终都会指向解剖学、胚胎学、生理学和心理学的研究。然而,我们认为,这些问题不应该被割裂开来,而且,如果从整体上而不是局部细节上来考虑它们,我们仍然有机会把它们解释清楚。然而,目前,我们还不能够以一个文献充实的概括来支撑这一观点,但我们希望终有一天可以做到。然而,发表我们的部分研究成果,不仅是为了反映出目前的这种不可能性,同样也是为了给这项研究的下一阶段作一个标识。

哲学是一种思考。对它来说,所有的新材料都是好的,而且,我们还可以说,所有好的材料都必须是新的。在结束哲学研究几年后,我在讲授哲学课的同时开始了医学研究。我必须对自己的意图作一些解释。一位哲学教授之所以对医学产生兴趣,并不一定是为了更好地认识精神疾病,也更不必然是为了进行某项科学训练。我明确地希望医学成为人类一些具体问题的导引。对我来说,医学是且仍将是处于几种学科交界处的一种技术或者艺术,而不是严格意义上的科学。在我看来,为了精确定位和清楚阐发我所关心的两个问题,即科学与技术的关系,标准与正常的关系问题，就必须从直接的医学文化那里得到帮助。如果将一种所谓的"非成见的"精神运用在**医学**上，在我看来（尽管它为了把科学的理性化方法引入其中而付出了很多值得尊敬的努力），最根本的还是**临床**和**治疗**，即一种建立或者恢复**正常**的技术，而这是不能够完全或者简单地被降格为一种单纯的知识的。

因此，这部著作试图把**医学**上的某些方法和成果引入到哲学思考中。必须说明的是，这完全不是给读者上课，或者对医学活动作出某些标准性的评价。我们也没有傲慢到要把形而上学引入到医学中，以对其进行革新。如果医学需要革新，那也应该由医师们来冒这个险，并以他们的名声做担保。然而，我们希望能够通过联系一些医学信息来调整对某些方法论概念的理解，从而有助于革新这些概念。希望人们不要有超出我们意图的期待。医学经常受到某些伪哲学著作的攻击，成为其牺牲品。对此，可以说，医生们并不陌生。在这中间，医学和哲学都没有得到好处。我们无意为这种事再添一个例子。我们也同样无意去做医学史家的工作。如果在本书第一部分我们从历史的视野中提出了一个问题，那也不过是为了降低理解的难度。我们绝不是要冒充在生物学方面很博学。

再说说我们这一主题的界限。正常与病态的一般性问题，从医学的角度说，可以被明确为畸形学或者疾病分类学问题，而后面一个问题本身，又可以被明确为躯体疾病分类学或者病理生理学的问题，和精神疾病分类学或精神病理学问题。我们希望把目前的考察严格限定在躯体疾病分类学或者病理生理学问题上，然而，我们也不会禁止自己借用畸形学、精神病理学上某些有助于推进这项研究或者说明某些结论的数据、观念。

在提出我们的观点时,我们同样还联系了在19世纪被普遍采纳的一篇文章中所进行的批判性研究。它也涉及了正常和病态的关系。根据这篇文章,病态现象与相应的正常现象,除了量的变化外,是同一的。在这样做的时候,我们希望服从这样一种哲学思考的要求,即重新开启问题,而不是封闭问题。莱昂·布伦士维格(Léon Brunschvicg)在谈到哲学时说,它是有关已经解决的问题的科学。我们将以自己的方式来做出这一简单而深刻的定义。

第一部分　病态只是正常状态的量变吗？

Ⅰ. 问题介绍

要动手研究这个问题,至少,我们必须对它进行定位。比如,我们如何着手研究地震或飓风呢?毫无疑问,所有关于疾病的本体论思考,均源于治疗的需要。已经部分确认的是,在所有病人身上,都能看到一个人有某种东西被增加或减少。一个人失去的东西,是可以被恢复的,而进入他身体的东西,也是可以离开的。同样,如果所得的病是源于妖术、魔法或者中邪,我们也相信能够战胜它。我们必须相信,任何疾病的发生,都不是为了让希望破灭。魔法为药品和念咒仪式提供了很多资源,以增加痊愈的希望。西格里斯特(Sigerist)曾指出,埃及的医学,把生病和着魔两种观念混合在一起,由此大致总结出了东方人在寄生虫病方面的经验。将寄生虫吐出,就意味着恢复健康[107, *120*][1]。疾病,通过一扇门进入或者离开一个人的身体。今天,仍然存在着一种疾病的世俗等级制。其基础,就是对各种症状进行定位的难易程度。

---

[1] 中括号里的注释是指原书 159 - 164 页所列参考文献序号(第一组数字),以及卷期、页码或者所提到的著作中的文章序号(斜体数字)。

因此，帕金森症比胸部的带状疱疹更是疾病，而疱疹则比疖子更是疾病。完全可以认为，传染病的微生物理论之所以成功，在相当程度上要归功于对疾病的本体论描述，我们这样说绝不是要冒犯巴斯德教义的尊严。人们可以看到微生物，尽管要通过显微镜、染色剂和培养菌的复杂中介，但人们却没有办法看到瘴气或者某种影响。看到一个物的存在，就已经预见某种行为。在其治疗效果方面，谁都无法否认感染理论的乐观性。毒素的发现，以及对个体特殊体质发病机理的认识，破坏了某种信条的美好的朴素性。这一信条披着科学的外衣，掩盖了人有生以来在对抗疾病时所表现出来的坚韧。

然而，如果我们感觉需要让自己心安，那是因为有某种焦虑常常纠缠着我们的思想。如果我们要把某个染病的器官恢复到一个理想的水平，而寄希望于某种巫术的或者实证的技术，那是因为我们对自然本身没有抱什么期望。

相反，希腊的医学，在希波克拉底（hippocratiques）医学的著作和实践中，考虑到了一个非本体论的、但更有活力的，非局部性的、但更全面的疾病的概念。自然（physis），在人体内外，是和谐与平衡的。这种平衡与和谐发生紊乱，就是疾病。在这种情况下，疾病不是人的一部分。它充斥于人体的各部分，它成了人的全部。外部环境只是条件，而非原因。一个人内部平衡，或者由于紊乱带来了疾病，是因为他的四种体液的流动性造成了变化和震荡。这四种性质的体液又与不同的性质相匹配（热、冷、湿、干）。疾病不仅仅是不平衡、不和谐，而且同样，很可能是自然试图在人体内实现新的平衡。疾病是一种广义的针对治愈意图的反作用。肌体患病，是为了自愈。治疗行为应该首先容忍，而且，如果必要的话,应该强化这些自发的既有享乐倾向又有疗效的反作用。医学技术模仿了自然的治疗行为(自然治愈力,*vis medicatrix naturae*)。模仿并不是简单地复制其表面,而是模仿其倾向,并延长近似的运动。当然,这样的观念同样是一种乐观主义,不过,这里的乐观主义只与对自然的看法有关,而与人类技术的效果无关。

医学思想从未停止在这两种关于疾病的描述、两种形式的乐观主义之间摇摆,每次都在关于疾病发生机理的最新解释中,为其中的一方找到更好的理由。某种元素的缺乏病、所有的传染病和寄生虫病,都支持一种本体论性质的理论,而内分泌疾病、由各种障碍引发的疾病(这些病以 dys-为前缀),则支持那种动态的、功能性的理论。然而,这两种观念还是有一个共同点:在疾病中,或者更准确地说,在生病的经历中,两者都看到了一种富有争议的情况:要么是肌体与外部物质之间的斗争,要么是肌体内部不同力量之间的斗争。疾病随健康状况、正常的病变情况的不同而不同,就像一种性质区别于另一种性质那样,通过某种明确的要素的存在或缺席来呈现,或者通过整个肌体的调整来呈现。这种将正常与病态混杂在一起的观念,至今仍然存在于自然疗法观念中。这种观念不希望借助人为的干涉来恢复正常。自然本身会找到治愈的办法。然而,有一种观念承认或者期待人类能够驱使自然,并迫使其屈服于自己规范化的愿望。在这一观念中,量变导致了正常与病态的区分这一观点是很难站住脚的。自培根(Bacon)以来,人们不是常说人类是通过服从自然来支配自然的吗?控制疾病,就是认识它与正常状态的关系。这种正常状态,正是一个活着的人——热爱生活的人——希望能够重新获得的。由此,在过时的技术终结之后,就有了一种理论需求,即把病理学与生理学联系起来,由此建立一种科学的病理学。托马斯·西德纳姆(Thomas Sydenham,1624－1689)认为,为了帮助病人,我们应该界定和确定他所患的疾病。世上有各种各样的疾病,就像世上有各种各样的植物和动物一样。西德纳姆认为,在所有的疾病中存在着一种秩序,就像伊西多·乔弗瓦·圣－伊莱尔(I. Geoffroy Saint-Hilaire)在畸形中发现的规则那样。比奈尔(Pinel)在其《疾病分类哲学》(*Nosographie philosophique*,1797)中通过对类目的完善,为这些疾病分类的尝试做了辩护。达伦姆贝格(Daremberg)认为这更像是一位博物学家的著作,而不是一位临床医生的著作[29,*1201*]。

同时,莫干尼(Morgagni,1682－1771)在创造病理解剖学的过程中,让人们可以把某些器官的损伤与一系列稳定的症状联系起来。由此,疾病分类学便在解剖学分析中找到了依据。然而,就像哈维(Harvey)和哈勒(Haller)以来所发生的状况那样,解剖学因变成了生理学而"获得了活力",由此,病理学很自然地成了生理学的延伸。关于这种医学观念的演变,我们可以在西格里斯特的著作中找到权威的总结性陈述[107,*117－142*]。这一演变的结果,便是对正常和病态之间的关系所进行的理论建构。根据这一理论,生命有机体中的病态现象,不过是相应的生理现象在数量上产生了或多或少的变化而已。病态被系统地定义为对正常状态的偏离,但更多地不是用 *a*(异常)或 *dys*(障碍)来表示,而是用 *hyper*(过度)或 *hypo*(不足)来表示。在通过技术来战胜疾病的可能性上,本体论有着让人宽慰的自信。当我们克制住这种自信时,人们绝不会认为健康和疾病有着本质的对立,是两种相互斗争的力量。要重建这种连续性,以便为了更好的疗效而获取更多的认识,最终需要疾病这一概念的消失。人们能够以科学的方式恢复正常状态这一信念,最终将导致病态这一概念无效。疾病不再是一个健康的人感到痛苦的对象,而是研究健康的理论家们的研究对象。正是在病态中,更清楚地说,人们才得到了健康的教训。这有点像柏拉图在国家机器中,为个体灵魂的善与恶,寻找更大的,而且更明显的对等物。

* * *

在整个19世纪,正常的和病态的生命现象,尽管看起来非常不同,而且被人类的经验赋予了完全相反的价值,但其实际上的同一,变成了一种得到科学保障的信条。这种信条在哲学和心理学领域的扩张,似乎受到了生物学家和内科医生们所认可的权威力量的控制。在法国,奥古斯特·孔德(Auguste Comte)和克劳德·贝尔纳,在截然不同的环境里,带着截然不同的意图,对这一信条进行了详细阐述。在孔德的学说中,那是一个他明确带着敬意承认从布鲁塞(Broussais)那里借用来的观点。在克劳德·贝尔纳那里,那是在进行了一辈子的生物学实验后得出的结论。这些实验的实践,在著名的《实验医学研究导论》(*Introduction à la étude de la médecine expérimentale*)中,得到了井井有条的梳理。在孔德的思想中,兴趣由病态转向了正常,以便通过思辨推导出一些有关正常的法则,因为正是以此来替代生物学实验——这种实验通常不好操作,尤其是以人为对象的时候——才与对疾病的系统研究显得相符。正常与病态的同一,在对正常的认识中得到了确认。在克劳德·贝尔纳的思想中,兴趣由正常转向了病态,以通过病态来引导理性的行为,因为作为一种明显与经验主义相冲突的治疗方式的基础,对疾病的认识是在心理学中进行,并由它发展而来的。正常与病态的同一,在对病态的治疗中得到了确认。最后,在孔德那里,对这种同一的确认停留在了观念的层面上,而克劳德·贝尔纳则试图让这种同一在量化的和数字的解释中变得精确。

我们把这样的理论称为信条(dogme),绝不是要贬低它,而是要强调它所引起的反响及其范围。我们选择从奥古斯特·孔德和克劳德·贝尔纳那里寻找确定其意义的文本,也绝不是偶然的。两位作者对19世纪的哲学、科学,甚至可能还有心理学,所产生的影响是非常大的。然而,临床医生们更愿意从他们的文学中,而不是从他们的医学或者哲学中去寻找他们的艺术哲学。阅读利特雷(Littré)、勒南(Renan)和泰纳(Taine)给医学事业带来的启发,显然比阅读赫希昂(Richerand)和特鲁索(Trousseau)带来的多,因为我们必须考虑到一个事实:一般来说,人们在进入医学领域时,对医学理论是一无所知的,但对很多医学概念,却不无先入之见。在医学、科学和文学领域中传播孔德思想的,是利特雷和巴黎医学院首任组织学教席夏尔·罗宾(Charles Robin)的著作。[1] 通常,我们在心理学领域会感觉到他们的影响。我们从勒南那里知道:"在个体心理学中,睡眠、疯狂、精神错乱、梦游、幻觉,所提供的有益经验,比正常状态提供的多得多,因为在正常状态下,各种现象由于太微弱,似乎都被抹去了,而在一种更容易察觉的极端变化状态下,由于被放大了,所以变得更加明显。物理

---

[1] 关于孔德与罗宾的关系,参见 Genty[42],以及 Klein[64]。

学家们并没有在自然的微量电流中研究电流,而是在实验中把它放大,以便让研究变得更容易,尽管在这种放大的状态下所研究出的规律,与自然状态中的规律是一样的。同样,人类的心理学,应该通过研究人类精神史的每一页上出现的疯狂、梦、幻觉等来建立。"[99,184]L. 杜加(L. Dugas)在他关于里博(Ribot)的研究中,清楚地说明了里博在方法论上的观点,与孔德以及他的朋友和捍卫者勒南的观念之间的亲缘关系[37,21 和 68]。"生理学和病理学——既是心理的也是身体的——并非作为对立的两极而存在,而是同一个整体的两部分……同时,病理学正向纯粹的观察和实验靠近。这是一种有力的调查方法,而且,能够带来相当多的成果。实际上,疾病是关于最微妙的秩序的实验。这种秩序是自然本身在特定的环境中,以人类所不曾掌握其技艺的方法创造出来的:它是人类所不可企及的。"[100]

克劳德·贝尔纳对 1870 - 1914 年间的医师们的影响同样深广。这种影响,要么通过生理学直接实现,要么通过文学著作间接产生。这一点在拉米(Lamy)和唐纳-金(Donald-King)关于文学上的自然主义与 19 世纪的生物学与医学理论的关系的研究著作中得到了确认[68,34]。尼采也吸收了克劳德·贝尔纳的观点,尤其是他关于病态与正常是同质的这一思想。在引用《动物热量讲稿》(*Leçons sur la chaleur animale*)[1]中关于健康与疾病的一长段文字之前,尼采写下了如下的思考:"一切患病状态的价值都在于,它们以一种放大镜显示出某些常规的、但通常难以看清的状态。"(《权力意志》,553,Bianquis 译,N. R. F. ,I,364)

---

[1] 这段文字引自第 36 页末。

这些扼要的指示似乎足以表明,这个我们试图阐明其意义和重要性的论题,绝不是为了辩护的需要而生涩出来的。思想史并非一定和科学史相重合。然而,由于科学家是在某种环境中,某种并非绝对科学性的社会氛围中生活着,科学史也不能完全忽略思想史。把一个论题自身的结论运用到这个论题上,我们可以说,它在自身的文化氛围中所经历的修正,会呈现出其本质意义。

我们选择以孔德和克劳德·贝尔纳为叙述的中心,是因为这两位作者半推半就地扮演了旗手的角色;因此,与其他人相比,我们给予了两人更多的关注。我们也以同样的篇幅引用了另外一些人,而他们本应该从某种角度得到更为生动的阐释。[1] 而出于完全相反的原因,我们决定在孔德和贝尔纳的观点之外,加上勒利希(R. Leriche)的论述。勒利希在医学和生理学中都得到了同样多的讨论,而这两个领域绝不是他的长处所在。然而,从某种历史的视野中来考察他的思想,或许能够揭示出某种深刻性和意义来。排除对权威的狂热崇拜,我们也不能否认他是一个杰出的实践者,在病理学领域的竞争力,超越了孔德和克劳德·贝尔纳。而且,就这里所考察的问题来说,有趣的是,勒利希占据了因克劳德·贝尔纳而著名的法兰西学院的医学主席的位置。因此,他们之间的差异将会更加有意义和有价值。

---

[1] 后来,我在自己的选择中确认了一个文献上的新发现。我打算讨论的病理学理论,毫无保留地呈现在达伦姆贝格 1864 年的《论辩日记》(*Journal des débats*)中。他得到了布鲁塞、孔德、利特雷、夏尔·罗宾和克劳德·贝尔纳的庇护[29]。

Ⅱ. 奥古斯特·孔德与"布鲁塞原理"

奥古斯特·孔德在自己思想发展的三个基本阶段中,明确地指出了病态现象的实际特征以及相应的生理现象:首先是《实证哲学教程》(Cours de philosophie positive)的酝酿阶段,在这一阶段引人注目的事件是他开始了和圣西门的友谊(到1824年,他和圣西门断绝了关系)[1];第二个阶段是真正的实证哲学时期;第三个阶段,在某些方面与前一阶段有很大的不同,即为《实证政治体系》(Système de politique positive)时期。孔德在生物学、心理学和社会学诸领域的现象中,赋予他所谓的布鲁塞原理以普遍性意义。

正是在1828年,孔德注意到了布鲁塞的论文《刺激与疯癫》(«De l'irritation et de la folie»)。孔德从中概括出了这一原理,并根据自己的需要做了借鉴[26]。孔德将本属于比沙(Bichat),以及他之前的比奈尔的成就,归功于布鲁塞,宣称所有已知的病患不过是一些症状(symptôme)而已,而且,重要的机能产生障碍,必然伴随着器官,或者组织的创伤。然而,重要的是,孔德补充说:"从来没有人以如此直接而让人满意的方式发现病理学和生理学之间的这种关系。"实际上,布鲁塞解释说,所有疾病的形成,本质上都在于"各种组织中,处于既定的正常标准之下或者之上的刺激的过量或者不足"。因此,疾病不过是对保持健康不可或缺的那些刺激物的行为的强度,发生了简单的变化后的结果。

从那时起,孔德将布鲁塞的疾病分类学概念提升到了普遍公

---

[1] 见1817-1824年间孔德在生物学和医学问题方面的演讲,其中说:"应该准备变成一个生物学的哲学家,而不是生物学家。"见 H. Gouhier[47, *237*]。

理的水平。可以毫不夸张地说,他将其认识价值等同于牛顿定律或达朗贝尔(d'Alembert)原理。当然,随后的情况就是,当他试图将自己的社会学基本原理,即"进步仅仅是秩序的发展",与其他可以确证这一原理的更为普遍的原理联系起来时,孔德在布鲁塞和达朗贝尔两人的权威性之间产生了犹疑。有时候,他参考了达朗贝尔通过对运动交换律(lois de la communication des mouvements)的简化而得出的平衡律(lois de l'équilibre)[28, *I*, 490 – 494],有时候,他又参考了布鲁塞的格言。有关现象的可变性的实证理论,"整个被凝缩为从布鲁塞的一句格言引申而来的一条普遍性原理;现实秩序的每一种变化,不管是人为的还是自然的,只和相应的现象的强度有关……不管其程度的变化如何,现象总是保持同样的格局;真正意义上的自然的全部变化,也就是种类的变化,却被认为是自相矛盾的"[28, *III*, 71]。渐渐地,孔德开始宣布自己对这一原理拥有知识上的发明权,因为是他系统地运用了它,正如一开始他认为布鲁塞在从布朗那里借用了这一原理后,也可以将之据为己有,因为他对其进行了个人化的运用[28, *IV*, app. 223]。在这里,需要引用一段比较长的段落(如果只是摘要的话,将会被过于简化):"对疾病的合理观察,对生物来说,建立了一系列间接的经验。在用来解释动态的甚至静态的观念时,这些经验比大多数直接经验适用得多。我的哲学论文已经做出了足够的努力,来评估这样一种方法的性质和范围。这一方法真正触及到了一些生物学的基本认识。它的基础,建立在一条宏大的原理上。我把这条原埋的发现权归于布鲁塞,因为它是从布鲁塞的全部著作中总结出来的,尽管是由我独立地创立了这个普遍而直接的公式。直到那个时候为止,被归之于常态的规律与病态所服从的规律完全不同:以至于对一方面的考察,对另一方面完全没有作用。布鲁塞创立了这样一种原理,即疾病现象在本质上与健康现象是一致的,它们的区别仅仅在于强度的不同。这一发人深省的原理已经变成了病理学的系统性基础,因而从属于整个的生物学。反过来用,它解释并提升了病理学分析在解释生物学推断方面的能力……人们由此得到的洞见,却只能够让人对其最终的效力有一个模糊的认识。百科全书学派将其扩展到知性和道德的活动方面,而在这些方面,布鲁塞的原理还没有得到应有的应用,以至于在这两方面的疾病要么让我们震惊,要么让我们烦恼,却没有让我们得到启示……除了其在生物学问题上的直接效力外,在实证教育的整个系统中,对任何一门科学来说,它为类似的方法提供了有益的逻辑准备。因为集合有机体(l'organisme collectif)具有高度的复杂性,它所包含的问题,与单个机体相比,就更严重、更多样、更频繁。我斗胆断言,布鲁塞的原理应该被推及到这样的程度,而且,我还通常用它来确证或者完善一些社会学规律。然而,对于革命的分析,如果没有得到生物学所提供的、从最简单的个案中得来的逻辑指导,就不能对社会的实证研究有所启发。"[28,*I*,651 −653]

因而,以上是一条具有普遍权威性(包括在政治领域具有普遍权威性)的疾病分类学原理。可以确信的是,正是这种最后投射出来的应用,回溯性地赋予了它本来就具有的——根据孔德的说法——在生物学领域中的全部价值。

* * *

《实证哲学教程》的第四十讲《对生物学整体的哲学反思》包含着孔德对我们目前所面临的这个问题的最完整的论述。问题在于,实验方法最简单的扩展——它在物理—化学领域已经证明了自己的作用——在处理生命的原始特征时所面临的困难,必须被呈现出来:"任何一项实验,都是为了揭示某种现象的每一种决定性或者修正性影响发生作用时所遵循的规律,而且,一般来说,它在于把某种明确的变化引入到某种特定的环境中,以便直接评估现象本身的相应变化。"[27,169]然而,在生物学中,现象的存在所需要的一种或多种条件所承受的变化,绝不是随意的,而是必须止于与现象的存在相协调的范围内;此外,与机体的状况相符合的功能性**协调**,禁止人们以足够的分析的精确性,来控制某种明确的紊乱与其设想中独有的效果之间的关系。然而,孔德认为,如果我们愿意承认,实验的实质,不在于实验者在自己试图有意扰乱某种现象时所实施的人为干预,而在于比较目击到的现象与根据某种存在条件而被改变了的现象,那么,在学者们看来,疾病就很自然地具有一种实验的作用,允许人们在机体的各种非正常状态与正常状态之间做出比较。"有一项原理将从此成为实证病理学普遍的、直接的基础。这一原理的提出者,就是我们天才的、勇敢的、锲而不舍的杰出市民 M. 布鲁塞。根据这一高度哲学化的原理,病态与常态并没有极端性的差异。因而,它的表现,不管在哪个方面,仅仅是把正常机体的每一种现象的变化极限,从上或从下做简单的延伸,但又不会引起一种真正全新的现象,即不会引起在某种程度上完全找不到其纯生理的相似物的现象。"[27,175]最终,每一个病理学概念都必须建立在对相应的正常状态的预先了解之上,然而,反过来,对病态个案的科学研究,也成了人们在寻求正常状态的规则时所不可逾越的一个阶段。对病态个案的观察，为现实的实验考查提供了大量真正的便利。在疾病中，由正常状态向病态的过渡，更为缓慢，更为自然，而向正常状态恢复这个过程一旦发生，就会提供相反的证据。而且，就人类来说，对病态的考察，比必然受限的实验考察丰富得多。对病态个案的科学研究，在根本上，对所有的有机体，甚至植物，都是有效的。它特别适合于那些最复杂、最微妙、稍纵即逝的生命现象。而这些现象，很容易被直接的、粗暴介入的实验所扭曲。在这里，孔德所思考的，是与高等动物、人类，以及神经功能和心理功能相关的生命现象。人们认为，缺陷或畸形，比植物的各种器官或运动神经的功能紊乱更古老、更难治愈。而最终，对它们的研究，完善了关于疾病的研究：对于生物学研究来说，"畸胎学方法"（le moyen tératologique）将会成为"病理学方法"的补充[27，*179*]。

我们应该注意的是，首先，这个论点的特点是特别抽象，在整个叙述过程中没有一个关于医学范畴的具体例子来恰当地证明他的论述。由于不能够把这些泛泛的论述和具体的例子联系起来，我们不知道孔德到底是从什么样的视点出发而提出：病态的现象在生理现象中总有其类似物，而且它绝不是一种全新的东西。在什么样的意义上，一条硬化的动脉与正常的动脉是同样的？在什么样的意义上，一颗停搏的心脏与一个运动员力量充沛的心脏是同样的？毫无疑问，我们应该明白，在疾病状态和健康状态中，生命现象的规律都是一样的。然而，为什么他不明确地表达这一点？为什么不给出一些实例？而且，同样，这难道不是暗示我们，这些相似的效果，是在健康状态和疾病状态中，由相似的机制造成的？我们应该思考西格里斯特给出的这个例子："在消化过程中，白细胞的数量会增加。同样的情况，在感染时也会发生。最终，这一现象，有时候是属于生理学的，有时候是属于病理学的。这取决于它的起因。"[107, 109]

其次，我们应该注意到，尽管关于正常与病态相接近、病态与正常相类似的阐明是可以互换的，孔德还是一再坚称，在对病态的个案进行方法论的考查之前，有必要首先确定正常状态及其真正的变化极限。这就意味着，严格地说，没有对疾病的了解，没有各种各样的实验，仅仅在观察的基础上来认识各种正常的现象，是可能的，也是必需的。然而，孔德给我们留下了一个巨大的空白，即没有提供一个标准，允许我们去认识一个正常的现象是什么样的。这让我们有充分的理由认为，在这一点上，他所使用的，是一个相应的日常使用的概念，因为他不加区分地使用正常状态、生理状态、自然状态这些概念 [27, 175, 176]。更准确地说，在确定病理学的或者实验的紊乱的极限——能与机体的存在相容的极限——时，孔德就把这些极限等同于那些"内部的和外部的显著影响的和谐"的极限[27, 169]。结果就是，正常的或者生理的这个概念，最终被**和谐**这一概念阐明了，而且变成了一个量化的、多用途的、美学的概念，而不太像是一个科学的概念。

同样，关于对正常现象或相应的病态现象的性质的确认，非常清楚的是，孔德的意图，在于否定活力论者（vitalistes）认定的存在于两者之间的性质上的差别。从逻辑上讲，否定性质的差别，将会导致承认一种可以通过量化来表达的同质性。毫无疑问，这正是孔德前进的方向，当他把病态定义为"仅仅是把正常机体的每一种现象的变化极限，向上或向下做简单的延伸"。然而，最终,我们必须承认的是,这里所使用的术语,尽管其定量的特征比较模糊和不严格,仍然包含着一种定性的反响。孔德从布鲁塞那里借用的这一词语,并没有表达出他想要表达的意图。因此,我们要转向布鲁塞,以便理解孔德的论述中留下的含混和空白之处。

* * *

我们倾向于以《刺激与疯癫》为基础,来总结布鲁塞的理论,因为在他所有的作品中,这一部是孔德最为熟悉的。我们已经能够确定,清楚而别具一格地构成了他的理论的,既不是《论生理学在病理学中的应用》(*Traité de physiologie appliquée à la pathologie*),也不是《生理医学基本原理》(*Catéchisme de médecine physiologique*)。[1] 布鲁塞在生理兴奋(l'excitation)中发现了最原始的事实。人的存在,只能通过他迫于生存于其中的环境对其身体器官造成的兴奋来进行。通过他们的神经分布,内层和外层的接触面,都会把这一兴奋传送到大脑,然后,大脑将之返回到各组织,包括接触面。接触面所面对的,是两类兴奋:来自其他肌体的和来自大脑的影响的。正是在这种多重兴奋源的反复作用下,生命才得以延续。将生理学的学说运用到病理学上,意味着试图去发现"这种兴奋如何偏离了正常状态而创造出一种非正常的或疾病的状态"[18,263]。这些偏离现象,要么是某种不足,要么是某种过剩。刺激(l'irritation)与兴奋(l'excitation)的区别,只是程度上的;它可以被

---

[1] 对布鲁塞思想的出色总结,可以参考[14;29;13 *bis*, *III*;831]。

定义为"使生命现象的表现程度不及或超过正常状态的那些因素,以经济的方式制造的全部干扰"[18,267]。因而,刺激就是"正常的兴奋过量发展造成的"[18,300]。比如,因缺氧而造成的窒息,会使肺丧失正常的刺激源。反过来,氧气含量过高的空气"会对肺造成强烈的过度刺激,使肺更容易兴奋,最终的结果就是发炎"[18,282]。由不足或过度而造成的这两种偏离,在病理学中的重要程度是不一样的,后者比前者重要得多:"第二种病源,由过度兴奋造成的刺激,因而比第一种,即兴奋的匮乏,带来的后果要多得多,因而,可以说,我们的大部分疾病,都来自第二种病源。"[18,286]通过无差别地使用它们,布鲁塞把 anormal(非正常的)、pathologique(病态的)、morbide(不健康的)[18,263,287,315]这几个词语等同了。正常的(normal)或者生理的(physiologique),与非正常的(anormal)或者病态的(pathological)之间的区别,就将是纯数量上的区别了,仅仅指不足或者过量。而一旦布鲁塞承认有关知性能力的生理学理论,这一区别就不但适用于机体的现象,也适用于精神现象 [18,440]。那个被简要陈述的论点就是这样的,它的命运,更多地取决于作者的人格,而不是文本内部的连贯性。

一开始,布鲁塞在关于病态的定义中,明显地把原因和结果搞混淆了。原因可以持续地有数量上的变化,然而也能够引发质量上不同的结果。举个简单例子,一种在数量上增加的兴奋,能够带来一种愉快的状态,然后紧接着就是痛感,两种谁都不会混淆的感觉。在这样的理论中,两种观点常常被混在一起,一方面是正在遭受疾病的病人的,而且被疾病所证实了的观点,另一方面是科学家的观点,这些科学家在疾病——生理学还不能解释这种疾病——中什么都没有发现。然而,机体的状态就像音乐一样:在刺耳的声音中声学的规律也没有被破坏,这并不是说所有声音的混合都是悦耳的。

总之,这样一种观念可以向两个稍微不同的方向发展。这取决于正常与病态之间已经建立的关系是**同质性**(homogénéité)的还是**连续性**(continuité)的。贝然(Bégin),作为一个顺从的信徒,对连续性关系特别坚持:"病理学不再是一个分支,一种结果,生理学的一部分,或者说,生理学包括了对所有生物的各个层次的研究。在毫无知觉的情况下,从器官根据它们能够适应的全部规律性和一致性而开始运转的那一刻起,一直到损伤恶化到让所有的功能都已不再可能,而且所有的运动都停止那一刻,当我们在这一期间对功能进行考查时,我们不断地从一门学科过渡到另一门学科。生理学和病理学相互照亮了对方。"[3, XVIII]然而,必须要说的是,一种状态向另一种状态转换的连续性,与这两种状态的混合并不冲突。中间状态的持续并不排斥多种极端状态。布鲁塞自己的措辞,有时候会暴露他在坚持正常与病态之间的同质性时的困难,比如:"疾病,在本能的、知性的、感觉的、肌肉的各种关系中,增加、减少、打断或**破坏**[1]大脑的神经分布。"[18, 114]以及:"在活性组织中发展的刺激并不总会以引发炎症的方式来**改变**[2]它们。"[18, 301]在孔德的案例中,我们还是很容易发现,**过剩和缺乏**两种观念的含混性,以及它们那种定性的、隐含着规范性的特征。其度量性的伪装,完全掩饰不住它们。过剩或者缺乏

---

[1] 这里的强调是我加的。

[2] 这里的强调是我加的。

的出现,与一个被认为有效的和站得住脚的度量有关——因此也与标准有关。把非正常定义为太多或者太少,就是承认所谓正常状态的标准特征。这种正常的,或者说生理的状态,不再仅仅是像一个事实一样可察觉和可解释的状态,而是被附上了某种价值的宣言。当贝然把正常状态定义为"根据它们能够适应的全部规律性和一致性而开始运转"的那种状态时,我们不得不承认,尽管布鲁塞对本体论感到恐惧,**一个完美的标准,在这种进行实证性的定义的努力中展开了。**

从现在开始,我们可以简要概括一下对那个论点的主要反对意见:根据那个论点,病理学是一种引申的、扩展了的生理学。把生理学,以及最终,把理疗,从已经建立起来的生理学完全发展成一种科学,这种企图,只有在这样的情况下才有意义:首先,必须把正常完全客观地定义为一种事实,其次,正常和病态之间的所有区别,必须可以用量化的术语来表达,因为只有数量才能够同时考虑到同质性和变化。对这两种可能性提出质疑,我们的意图并不是要降低生理学或病理学的价值。在任何情况下,必须清楚的是,布鲁塞和孔德都没有能够完成这两项要求。而这两项要求,对与他们的大名相关的这场努力来说,是不可分离的。

就布鲁塞来说,这一事实并不奇怪。方法论的思考并非其所长。对他来说,生理医学论文的价值,不在于作为一种推断性的预测为认真的研究正名,而在于作为一种治疗的处方,以放血疗法(saignée)的形式,强加于任何人、任何事上。在这把手术刀的武装下,他特别关注在过量的普通兴奋演变成的刺激中所发现的炎症。就他的学说来说,其内在的非连续性,根源于它们包含了哈维尔·比沙(Xavier Bichat)和约翰·布朗(John Brown)的学说,却又没有对他们各自的意义投入足够的关注。关于这两个人,很值得多说两句。

* * *

苏格兰医师布朗(1735—1788),一开始是卡伦(Cullen, 1712—1780)的学生,后来成了他的竞争对手。布朗从他老师那里得知了格利森(Glisson,1596—1677)提出、经由哈勒(Haller)发展的应激性(l'irritabilité)的概念。作为第一部伟大的生理学著作(*Elementa physiologiae*《生理学原理》,1755—1766)的作者,哈勒,一个博学的、富有天资的伟大人物,懂得应激性是某些器官,特别是肌肉,以收缩的方式对刺激物做出反应的可能性。收缩并非与弹性相仿的机械现象;它是肌肉组织对各种外部刺激的特别反应。同样,感觉也是神经组织专有的特质[29,*II*;13 bis,*II*;197,*51*;110]。

据布朗说,生命的延续,所依靠的只是一种特殊的性质:可刺激性(l'incitabilité)。它允许活着的生物受到影响,并做出反应。疾病,有时候表现为**有力**,有时候表现为**无力**,其实都不过是这一特质的量变,不管刺激的强弱。"我已经表明,健康和疾病是同一种状态,取决于同样的原因,即刺激,只是程度的变化不同;我还证明,造成这两者的,也是同一种力量,有时候以合适的力度发生作用,有时候,要么太强烈,要么太微弱;另外,医师唯一应该考虑的,是因刺激而产生的偏差,以便以合适的方法使其重新回到健康的程度上来。"[21,96,注释]

在排除了固体病理学理论和液体病理学理论的坚持者后,布朗宣称,疾病不是源于固体或流体的原始缺陷,而只与刺激的强度变化有关。治疗疾病意味着把刺激的数量调到更大或更小的程度。夏尔·达伦姆贝格(Charles Daremberg)这样概括这些观点:"布朗把我在这些演讲中多次提醒你们注意的那个观点重新纳入了考虑范围,并使之与自己的体系相适应。这个观点就是,病理学是生理学的一个领域,或者,正如布鲁塞所说的,是病理生理学的一个领域。事实上,布朗宣称(§65),一个已经完全证明的事实是,健康状态和疾病状态并没有不同,其原因就在于促生或者破坏它们的那种力量,具有相同的行为;比如,他力图通过比较肌肉收缩和痉挛或破伤风,来证明这一点。"(§57 及以后;又参见 136)[29,*1132*]不过,毫无疑问,在布朗的理论中让我们特别感兴趣的是,正如达伦姆贝格反复指出的那样,这一点正是布鲁塞的思想的出发点,然而,更有趣的是,在某种程度上,它有一种最终成为病理学现象的模糊趋势。布朗宣称要对受刺激的器官的变化状况进行量化的评估:"假设某一部分受到的作用(比如肺膜炎中肺部的炎症,痛风中脚的炎症,在水肿中往某个普通的或者特殊的孔穴中渗水)为 6,而其他每一个部分受到的较小的作用为 3,并且这些受到较小作用的部分有 1000 个;那么,结果就是,这一感染部分与身体的其他感染部分的比率是 6:3000。对整个身体产生影响的各种刺激源,以及把它们在整个机体中产生的效果加以破坏的治疗手段,都确证了在所有的一般性疾病中这种计算的精确性。"[21,29]治疗学因此建立在计算的基础上:"假如亢进素质累积到了 60 个点的刺激度,我们要想办法把多余的刺激减低 20 个点,要达到这一效果,我们采用的方法就是要让刺激减弱到足够的程度。"[21,*50*,注释]当然,人们有权利、也有能力嘲笑这种把病态现象数学化的奇怪行为,然而,这也必须在这样的前提下才可以,即我们必须同意这种学说充分地满足了其假定前提的要求,而且,其概念内在的连贯性必须是非常完整的。而这种连贯性在布鲁塞的学说中并没有实现。

更有甚者,布朗的一个学生,塞缪尔·林奇(Samuel Lynch),带着这种体系的精神,建立了刺激程度的度量表,即达伦姆贝格所说的"健康与疾病的真实测量表"。其形式,就是附在《医学原理》(Eléments de médecine)的各种版本或译本后的比例表。在这个表中,有两条方向相反的平行轴,刻度均是从 0 到 80,因而,最大的可刺激度(80)与刺激度"0"相对应,反过来也是如此。从最完美的健康状态(刺激度 =40,可刺激度 =40)开始,往两个方向前进,刻度上不同程度的变化分别与疾病、疾病的原因、影响和治疗方法相对应。比如,在刺激轴线上,60 -70 范围内是亢进素质类疾病:肺膜炎、脑膜炎、严重的天花、严重的麻疹、严重的丹毒和风湿。对这些疾病,有如下治疗指导:"为了实现治疗效果,必须降低刺激程度。要实现这一点,应该避免过度强烈的刺激,仅仅容许最微弱的,或者负面的刺激。治疗方法就是放血、通便、节食、静心、降温,等等。"

必须要说的是,重新发掘这一已经作废的疾病分类学说,并不是为了娱乐或者满足学者无谓的好奇心。它以一种独特的方式,切近了对我们关心的这个论点的深刻意义的精确表达。从逻辑上说,对各种现象——其本质上的差别被认为是一种错觉——进行区别,是以量化的方式进行的。在这里,以测量的方式来进行区分,不过是一种夸张的做法。然而,通常,夸张的版本往往比忠实的版本更能够反映某种形式的本质。确实,布朗和林奇的成功,仅仅是建立了一个关于病态现象的观念等级结构,一种标注健康和疾病这两极之间的状态的量化方法。标注并非测量,一个等级并非一个基本单位。然而,就算是错误的,也是有建设性的;确实,它表明了某种努力所具有的理论意义,并且毫无疑问地,表明了这种努力在它所针对的对象当中所遇到的限制。[1]

* * *

如果我们承认,布鲁塞能够从布朗那里得知,依靠量变来确认正常和病态现象的同一性,逻辑上意味着把一种测量体系强加在研究上,而他从比沙那里学到的东西,则反过来平衡了这一影响。在他的《生命与死亡研究》(*Recherches sur la vie et la mort*,1800)中,比沙将生理学的对象和方法与物理学的对象和方法做了比较。据他的观点,不稳定性和不规则性是生命现象的基本特点,而那种把它们强行纳入某种呆板的测量体系中的东西,将它们的本性扭曲了[12, *art.* 7, §*I*]。正是从比沙那里,孔德,甚至还有克劳德·贝尔纳,也对用数学方法来处理生理现象的任何做法,都产生了不信任,特别是任何涉及求平均值和统计的研究。

比沙对生物学中所有测量式的方案均怀有抵触,这又很矛盾地与他的如下观点同时并存着,即疾病必须,在构成器官的组织

---

[1] 参见我最近的研究《约翰·布朗:机体的可刺激性理论及其历史重要性》(«John Brown: La théorie de l'incitabilité de l'organisme et son importance historique»),收入《第 18 届世界科学史大会文集》(*Actes du XIIIe Congrès international d'Histoire des Sciences*), Moscou, 1971.

的范围内,用它们的特质中可以明确量化的变化来解释。"精确地分析活体的特征;并且表明,在最后一项分析中的所有生理现象,都与它们的自然状态中那些被我们考虑的属性有关,而且,所有的病态现象都源于它们的增加、减少或者改变;每一种治疗现象的原则,就是回到它们曾经偏离的自然形态;让每一种现象发生作用时所处的状况,变得精确……这是本书的基本观点。"[13, I, XIV]这就是我们批评布鲁塞和孔德的观念所具有的含混性的根源所在。放大和缩小是表示数量的概念,但改变是表示性质的概念。毫无疑问,我们不能够责备生理学家和医师们,与柏拉图以来的很多哲学家一样掉进了同样的陷阱里。但是,认识到这个陷阱的存在,而且不要在某个人掉入其中的时候还心安理得地忽略它,这是很有益的。布鲁塞的讲稿,其萌芽存在于比沙的这段论述中:"所有的治疗手段只有一个目的,让被扭曲的生命属性回到其本来的状态。任何治疗手段,如果在炎症中没能减少器官已经增高的敏感性,在水肿、渗漏(infiltration)中没能提升被完全降低的那些属性,在痉挛中没能降低肌肉的收缩性,在瘫痪中没能提升肌肉的收缩性,那都算是没有达到目的;这是禁忌。"[13, I, 12]唯一的区别在于,布鲁塞把所有的病原学降格成了现象的增加和过剩,并最终把所有的治疗简化成了放血。在这里,我们当然可以说,过剩在每一种事物那里都属于一种缺陷!

* * *

可能会让人惊讶的是,对孔德的理论的论述,已经变成了一个回溯性阐述的机会。为什么在整体上不采用历史顺序?因为历史叙述常常颠倒了兴趣和考察的真正顺序。正是在目前,这一问题引起了人们的反思。如果反思引来的是回溯,那么,回溯肯定与它有关。因此,历史源头真的不如反思的源头重要。当然,作为组织学的创始人,比沙并没有从孔德那里借鉴什么。同样也不能确定的是,细胞理论在法国所遭受的抵抗,大体上与夏尔·罗宾对实证主义的忠诚有关。我们知道,作为比沙的追随者,孔德并没有承认分析可以超出组织(tissus)之外[64]。不管怎样,我们可以肯定,即便是在医学文化中,由比沙、布朗和布鲁塞开创的普通病理学理论,其影响程度,也仅在于孔德发现它们有某些长处。19世纪下半叶的医师们大多不知道布鲁塞和布朗,但几乎没有不知道孔德或利特雷(Littré)的;就像今天大多数生理学家不能够不知道贝尔纳一样,但对于通过马让迪(Magendie)而与贝尔纳联系起来的比沙,却比较冷漠。

通过回到更为久远的孔德的思想的源头,再经由布鲁塞、布朗和比沙的病理学,我们更好地理解了这些思想的意义与局限。我们知道,孔德对数学化的生物学的坚决敌视,正是源自比沙,而其中介,则是他的生理学老师德布兰威尔(de Blainville)。他在《实证哲学教程》第40讲中极为详细地解释了这一点。比沙的活力论(Vialisme)对孔德在生命现象上所持的实证主义观念所产生的影响,不管有多隐晦,却与确认生理学机制与病理学机制之间的同一性的深层逻辑要求相抵了。这些要求却被布鲁塞忽略了。而布鲁塞正是孔德与比沙之间,在某种病理学学说上的另一位中介。

我们必须记住,在创造同样的病理学概念时,孔德的目标和意图与布鲁塞的是不同的,或者说,与布鲁塞之前的大人物们不同。一方面,孔德宣称要把科学方法系统化,另一方面,他声称要以科学的方式建立一种政治学说。通过普遍地宣称疾病不会改变生命现象,孔德对如下观点的陈述进行了辩护:拯救政治危机的方法,在于带领社会返回到其本质的、永久性的结构中,并且,进步的程度,只限于通过社会统计来定义的正常秩序的变化范围内。在实证主义学说中,布鲁塞的原则仍然作为整个体系下的一个观点而被保留,而正是医师、心理学家和依靠灵感和实证主义传统的文人,将它作为一个独立的观念传播开来了。

Ⅲ. 克劳德·贝尔纳与实验病理学

可以肯定的是,克劳德·贝尔纳在处理正常与病态的关系问题时,从没有提到过孔德,尽管他以明显相似的方式解决了这一问题。同样可以肯定的是,他无法忽略孔德的观点。我们知道,克劳德·贝尔纳仔细地阅读了孔德的著作,并做了批注。这一点在疑似 1865－1866 年间的笔记中得到了证明。这批笔记由雅克·舍瓦利耶(Jacques Chevalier)在 1938 年出版[11]。对第二帝国的医师和生物学家来说,马让迪、孔德和克劳德·贝尔纳是同一宗教的三尊大神——或者三大恶魔。在考察贝尔纳的老师的实验性工作时,马让迪、利特雷分析了那些与孔德的生物学实验思想相一致的假说,以及它们与病理学现象观察的关系[78, 162]。E. 格莱(E. Gley)第一个指出,克劳德·贝尔纳在他的文章《生理学学科的进步》(«Progrés des sciences physiologiques»,《双界杂志》[*Revue des Deux Mondes*],1865 年 8 月 1 日)中,将三种状态的原理归入了自己名下,而且,他还部分地负责了一些刊物和协会。在其中,夏尔·罗宾让实证主义的影响清晰可感[44,

164-170]。1864年,与布朗-塞卡(Brown-Séquard)一道,罗宾出版了《人与动物的正常与病态的解剖学和生理学杂志》(*Journal de l'anatomie et de la physiologie normales et pathologiques de l'homme et des animaux*)。在第一期中,就有克劳德·贝尔纳和谢弗勒尔(Chevreul)等人的论文。克劳德·贝尔纳是罗宾创立于1848年的生物学协会的第二任主席。在向创办者宣读的一项研究中,他明确指出了这个协会的指导原则:"通过研究解剖学和生物分类学,我们希望能够弄清楚各种功能的原理;通过研究生理学,逐渐了解怎样去改变器官,以及功能偏离正常后,会在怎样的范围内变化。"[44,*166*]拉米从他自己的角度指出,19世纪的艺术家和作家们,有些人寻找着相关的灵感或者主题资源,来思考生理学和医学问题。他们并没有看到孔德和贝尔纳的思想之间的区别[68]。

说到这里,我们必须补充,要概括出克劳德·贝尔纳在病理学现象的本质和意义这一具体问题上的思想,是一项非常困难而棘手的任务。这是一位值得注意的科学家,其发现和方法至今仍然有效,医师和生物学家们仍然不时地提到他,而关于他的作品,至今还没有一个完全的、评注性的版本!他在法兰西学院里的大部分讲稿,都是由学生编辑出版的。但贝尔纳自己所写的文字、他的书信,还没有成为任何尊敬的、有条理的考察的对象。人们零零散散地出版了他的一些批注和笔记,并且很快成为争论的中心。这些争论带有非常明显的偏见,以至人们会提出这样的问题,即想要知道是不是恰恰因为这些各种各样的偏见,才使得他的这些残篇没有全部出版。贝尔纳的思想仍然是一个问题。唯一诚实的应对办法,就是当有一天人们真决定这样做时,系统地出版他的论文和保存在档案中的手稿。[1]

* * *

病态现象和与之相应的生理现象的真正同一性（l'identité）——应该在机理（mécanisme）中，或者在症状中，还是在两者中来谈论它呢——和连续性，在贝尔纳的作品中，是个老生常谈的话题，但不是其主题。这一论断可以在《实验生理学在医学中的应用》（«Leçons de physiologie expérimentale appliquée à la médecine», 1855）这一讲稿中，特别是在第二卷的第二和第二十二讲中，以及《动物热量讲稿》（1876）中找到。我们倾向于选择《糖尿病与动物糖原合成作用讲稿》（«Leçons sur le diabète et la glycogenèse animale», 1877）为基本文本。在贝尔纳的著作中，这一篇可以被看作是专门证明这一理论的。在其中，对临床与实验状况的论述，把可以从中推导出来的某种方法论和哲学领域的"寓意"，与其复杂的生理学意义，至少放在了同样的位置。

克劳德·贝尔纳把医学看作是疾病的科学，把生理学看作是生命的科学。在这两门科学中，指导和控制着实践的，是理论。

---

[1] 克劳德·贝尔纳把他未出版的论文交给了阿松瓦尔（Arsonval）。参见克劳德·贝尔纳的《思想杂记》（*Pensées, notes détachées*），以及阿松瓦尔的序言（J.-B. Baillière, 1937）。这些论文由 Dr. Delhoume 整理，但仅仅出版了某些片段。＊今天我们所使用的《克劳德·贝尔纳手稿目录》（*Catalogue des Manuscrits de Cl. Bernard*），是由 Dr. M.-D. Grmek 精心编制的（Paris, Masson, 1967）。

理性化的治疗,只有依靠科学的病理学才能够存在,而科学的病理学必须以生理科学为基础。作为一种疾病的糖尿病所提出的问题,其解决方法正好证明了前面那个论点。"常识告诉我们,如果我们完全熟悉某种生理现象,我们就能够解释在病态现象中它容易受到的各种干扰:生理学和病理学是互相交叉的,并且在实质上是同一种东西。"[9,56]糖尿病仅仅是,而且完全是,在某种正常功能被扰乱后形成的疾病。"每一种疾病都有一种对应的正常功能。其表现,仅仅是受到干扰、被放大、被减弱,或者被消除。如果我们不能够解释今天的疾病的全部表征,那是因为生理学还没有足够地发达,而且还有很多正常的功能对我们来说仍是未知的。"[9,56]克劳德·贝尔纳以此反对了同时代的大多数生理学家。他们认为,疾病是一种生理性以外的存在,被强加在了机体上。对糖尿病的研究不再能接受这一观点。"事实上,糖尿病具有如下特定症状:多尿、多饮、多食、自体消耗、糖尿。严格来说,没有一种症状是新现象,没有一种症状对正常状态来说是未知的,也没有一种症状是自然自发的产物。相反,它们全部都事先存在,除了它们的强度在正常状态和疾病状态中的变化外。"[9,65-66]要证明这一点,考虑到多尿、多饮、多食、自体消耗,就很容易了,而考虑到糖尿,就更容易了。但是,克劳德·贝尔纳声称,糖尿是正常现象中的一种"隐藏的而且未被注意的"现象,而且,只有放大才能够使其变得明显[9,67]。事实上,贝尔纳并没有有效地证明他所提出的问题。在第十六讲中,他比较了生理学家提出的正常尿液中也一直含有糖分的观点及其相反的观点,又说明了实验的难度以及控制方法,随后,他补充说,在喂食了去掉糖和淀粉的氮化物的动物的正常尿液中,他从未发现一点点糖的痕迹,而且,它完全不同于喂食了过量的糖和淀粉的动物的尿液。让人同样自然地想到的是,他说,在波动过程中,血糖过多会决定尿液中糖的流动。"总之,我不相信这一观点不能作为绝对的真理:在正常的尿液中存在着糖分。但是,我很乐意承认,在很多很多的案例中,是存在着糖分的痕迹的;有一种暂时性的糖尿,像在很多地方一样,在生理状态与病理状态之间建立了一个隐秘而难以把握的通道。此外我同意临床医生们,承认糖尿现象一旦变成长期的现象,才会有真正的、确实的病态特征。"[9,390]

让人惊奇的是,在这里必须指出,为了援引一个有说服力的事实来支持他的解释,在一个让他感觉到自己明显受到挑战的案例里,贝尔纳发现,自己不得不在没有试验证明的情况承认这一事实——通过理论推理——而其方式,就是假定它的存在,超越了当时所有的测量方法所能感知的极限。在这一具体问题上,今天,H. 弗莱德立克(H. Frédéricq)承认,并不存在常规的糖尿,而在某些有大量液体吸入和多尿的案例中,在肾曲管以上,葡萄糖不能够被再次吸收,因而,被冲走了[40,353]。这就解释了为什么像诺尔夫(Nolf)那样的作者会说存在着一种正常的微量的尿糖[90,251]。如果没有正常的糖尿,那么,糖尿病病人的糖尿,从数量上放大的,又是一种什么生理现象呢?

简单地说,我们知道,克劳德·贝尔纳的天才在于他指出,在动物的机体中发现的糖分,是这一机体自己的产物,而不是来自其进食的植物;此外,正常的血液也包含着糖分,并且,尿液中的糖分,通常是血糖的含量超过某个临界点时肾脏排出来的。换句话说,血糖作为一种常规的现象,与进食无关,以至血糖的缺少本身才是一种不正常的现象,而且,糖尿是血糖的数量上升到一定临界点的后果。在糖尿病中,血糖本身并不是一种病态现象——它成为病态现象,仅仅是就数量而言;就其本身来说,血糖是一个"机体中正常而常见的现象"[9,181]。"只有一种血糖,它是正常地、长久地存在于糖尿病中,也存在于这种疾病状态之外。它只是有不同的程度:血糖含量低于3%－4%并不会导致糖尿;但高于这一标准就会引发糖尿……要察觉正常状态向疾病状态的过渡是不可能的,而且,没有什么问题能比糖尿病更好地表现生理学和病理学的融合。"[9,132]

克劳德·贝尔纳花在阐述他的这篇论文上的精力,似乎并不是多余的,如果把这篇论文放在一种历史的视角中来看的话。在1866年,巴黎医学院副教授雅库(Jaccoud),在一场临床课的讲演中处理到糖尿病问题时说,血糖是一种非常规的、病态的现象,而且,肝脏产生的糖分,根据佩维(Pavy)的著作所说,是一种病态的现象。"糖尿病状态,不能归因于一种并不存在的生理活动的强化……不可能把糖尿病看作是一种寻常的活动的强化:它是一种与正常的生活完全不同的活动的表现。这种活动本身中存在着疾病的本质因素。"[57,826]在1883年,已经成为内科病理学教授的那个雅库,在其著作《内科病理学论》(*Traité de pathologie interne*)中,继续保持了对克劳德·贝尔纳理论的反对,然而比起1866年来,这种反对有了更为坚实的基础:"糖原变成糖分,要么是一种病态的现象,要么是一种死亡现象。"[58,945]

如果我们真的想要理解肯定正常和病态现象之间的连续性所具有的意义和重要性,我们就应该记住,贝尔纳的批判性论证所针对的,就是那个承认在正常状态和病态中,生命功能的机制与产物具有质量上的不同的论点。这种论点的反对意见或许在

《动物热量讲稿》中表达得更为清楚:"正如古代的医师们所相信的那样,健康和疾病并非两种本质上不同的模式,而且,很多医生仍然相信这一点。不应该把它们当做是在争夺生命机体,把生命机体变成斗争舞台的截然不同的原则和实体。这些都是过时的医学观念。实际上,在这两种生存状态之间,只有程度的区别:正常现象的放大、不均衡或者不协调造成了疾病状态。没有任何病例显示疾病表现为一种新状态,一种对场面的彻底改变,一些新的、特别的产物。"[8,391]为了支持这一观点,克劳德·贝尔纳给出了一个例子。他相信它非常适合用来嘲笑他正在反驳的观点。两位意大利生理学家卢萨那(Lussana)和安布罗索里(Ambrossoli),重复了切断交感神经的实验并得到了同样的结果,随后,他们否认相关器官的血管扩张作用,造成了心脏的某些生理学特征。根据他们的说法,这种热量从任何角度来看都与生理学的热量不同。后者是由食物的燃烧(combustion)引起的,而前者是由机体组织的燃烧产生的。就像食物,克劳德·贝尔纳回答说,它们将要成为某些组织的一部分,但却不可能总是在这些组织的层面上燃烧。想到自己轻易地反驳了意大利作者,克劳德·贝尔纳补充说:"事实上,物理化学的表现在本质上是不会改变的,不管它们是在机体内部还是外部发生,是在健康状态还是疾病状态发生。只有一种产生热量的因子;不管是在一个炉子还是一个机体中产生的,都是一样的。也不可能存在一种物理热量或者动物热量,或者,病态的热量与生理的热量。病态的动物的热量与生理状态的热量只有程度的不同,而没有本质的不同。"[8,394]由此,他得出了结论:"两个对立的主体之间的斗争,生与死之间、健康与疾病之间,以及无生机的特征与充满生机的特征之间的对立,这样

的观点已经过时了。现象的连续性、它们那不易察觉的渐变过程与和谐,在任何地方都应该得到承认。"[同上]

对我们来说,上两篇文章似乎显得特别有启发性,因为它们表达的一系列观点,在《糖尿病讲稿》中是根本找不到的。正常与病态之间的连续性的思想,与生与死、有机与无机之间的连续性的思想之间,也存在着连续性。克劳德·贝尔纳毫无争议地在如下方面做出了贡献,即推翻时至当时一直被承认的有机物与无机物、植物与动物之间的对立的观点,而且,确定了决定论公设的普遍适用性,以及所有物理化学现象的物质特征,不管其构成和表现如何。他并不是第一个断言实验室的产物与"生物"的化学产物之间具有同一性的人——这一观点,是沃勒(Wœhler)于1828年成功地合成尿素后所设想的——他只是"加强了由杜马(Dumas)和李比希(Liebig)的工作给有机化学带来的生理学冲击"[1]。然而,他是第一个宣称植物的功能与相应的动物的功能在生理学上具有同一性的人。直到他的时代,人们还是坚持认为,植物的呼吸与动物的呼吸正好相反,植物把碳固定下来,而动物却将其燃烧,植物所进行的是减少,而动物进行的是燃烧,植物合成的东西,被动物在利用过程中破坏了,而它们无法生产出任何类似的东西。

克劳德·贝尔纳否定了这些观点,而且肝的生糖功能的发现,是"让现象的连续性在任何地方都得到承认"这一愿望最美妙的结果之一。

---

[1] 巴斯德(Pasteur)在《克劳德·贝尔纳的工作、教育与方法》(«Cl. Bernard, ses travaux, son enseignement, sa méthode»)这篇文章中的说法。

人们现在不会去追问,克劳德·贝尔纳对对立的两极或者反差,是否形成了正确的观念,是否有充分的根据把健康-疾病这对观念与生-死这对观念平行看待,并最终得出结论说,因为第二对词语被化约的同一性,所以有权去寻找第一对词语之间的同一。人们会追问的是,克劳德·贝尔纳断言生和死具有同一性是什么意思。出于世俗或者宗教辩论的目的,人们通常会问克劳德·贝尔纳是唯物主义者还是活力论者。[1] 似乎仔细阅读《生命现象讲稿》(Leçons sur les phénomènes de la vie, 1878)提供了一个充满细微差别的答案。从物理化学的角度来看,克劳德·贝尔纳并没有接受有机领域与无机领域之间的差别的观念:"实验室中的化学与生命化学都遵从同样的规律:它们不是两种不同的化学。"[10, I, 224]这就是说,科学分析与实验技术能够识别和重新创造与无机物同样的生命合成物。然而,这仅仅是说生命形式内外的物质具有同质性,因为,在拒绝了机械唯物主义后,克劳德·贝尔纳肯定了生命形式及其功能性活动的新颖性:"尽管生命的表现处于物理化学环境的直接影响下,这些环境并不能够把这些现象组织到那个它们在生物身上对之有特殊影响的秩序和系列中,使之谐调一致。"[10, II, 218]而且,更为准确地说:"和拉瓦锡(Lavoisier)一样,我们相信,生物是普遍的自然规律的分支领域,而且,它们的表现是物理的或者化学的表现。但是,与物理学家和化学家不一样,我们不是通过非生命世界的各种现象来看待生命

---

[1] 参见 Pierre Mauriac 的《克劳德·贝尔纳》(Claude Bernard)一书[81],以及 Pierre Lamy 的《克劳德·贝尔纳与唯物主义》(Claude Bernard et le matérialisme)一书[68]。

活动的,相反,我们公开主张,生命活动的表现是独特的,其机理是特殊的,其动因是特异的,尽管结果是一样的。没有一种化学现象,在体内的完成和在体外的完成是一样的。"[同上]最后一句话可以用来作为雅克·杜克劳(Jacques Duclaux)的著作《生命功能的物理化学分析》(*Analyse physico-chimique des fonctions vitales*)的题词。在这本书里,杜克劳明显与任何形式的唯灵论相去甚远。根据他的说法,没有任何细胞内部的化学反应,能用在试管实验中得出的方程式来表达:"一旦一个机体可以用我们的符号来表示,生命物质就会认为它是敌人,并把它消灭或者使其失效……人们创造了一种从自然化学中发展而来的化学,并且没有将两者混淆。"[36]

尽管如此,似乎很明显的是,对克劳德·贝尔纳来说,承认现象的连续性并不意味着忽略它们的新颖性。在此情况下,同样的,人们能不说出这些关于原材料和生命物质之间的关系的话来吗:生理学只有一种,但与在生理学现象中看到病理学现象的典型不同,人们必须把它的表现看作是独特的,把它的机理看作是特殊的,尽管最终的结果是一样的;没有一种现象,在病态的机体中和在健康的机体中是一样的。人们为什么毫无保留地肯定疾病和健康的同一性,当他们这样做的时候不是为了处理生和死的关系时,当他们力图把生和死的关系模式用在疾病和健康之间时?

* * *

与布鲁塞和孔德不同,克劳德·贝尔纳采用了可以证明的论据、实验方案,以及对生理学概念进行量化的方法,来支持他在病理学上的一般性原则。糖原的生成、血糖、糖尿、食物的燃烧、血管舒张,都不再是表示质变的概念,而是对从测量中获得的结果的总结。从此以后,当有人宣称疾病是正常功能过度或不足的表现时,我们可以知道他们的真正意思。或者至少,我们还有办法知道,因为尽管克劳德·贝尔纳在逻辑的精确度上有无可争辩的进步,但其思想中难免还有含混性。

首先,与在比沙、布鲁塞和孔德那里一样,我们应该注意到,在克劳德·贝尔纳那里,在他给出的关于病态现象的概念中,定量和定性的概念是混在一起的。有时候,病态现象是"正常的机理在量变中受到的干扰,正常现象的放大或减弱"[9,360]。有时候,病态现象是由"正常现象的放大、比例失调或者不协调"造成的[8,391]。在这里,谁会看不到"放大"这个词,在第一个概念里有明确的定量的意义,而在第二个概念里,有点定性的意思。克劳德·贝尔纳会相信他用干扰、比例失调或者不协调这些替代性术语,就取消了"病态"这个术语定性的意义吗?

这种含混性当然具有指导意义,因为它表露出,在假定要给出的解决方案中,仍然存在着问题。这个问题就是:疾病的概念是一个关于某种客观现实的,可以用科学的量化方法来认识的概念吗?生物在其正常生活与病态生活之间所确立起来的不同价值,是否是虚幻的表象,科学家有权去否认?如果否定这种性质上的对立在理论上是可能的,很明显,它是合理的;如果它是不可能的,其合法性问题就是多余的了。

有人已经指出,克劳德·贝尔纳使用了两种可以互换的表达,**量变**(variations quantitatives)和**程度差别**(différences de degré)。实际上也就是两个概念,**同质性**与**连续性**。前者的使用是含蓄的,而后者的使用是清晰明白的。对这两个概念的使用,并没有相同的逻辑要求。如果我肯定两个事物的同质性,我至少必须定义两个事物中的一个的本质,或者它们的某些共同的本质。但如果我肯定连续性,我只需要在这两极之间按照我的安排插入所有的中介,不需要通过越来越小的分割,将一个化约为另一个。事实确实如此,以至有些作者以健康和疾病之间的连续性为托词,拒绝给其中的任何一个下定义。[1] 他们说,并不存在完全正常的状态和完美的健康。这可能是说,世界上所存在的,都是病人。莫里哀(Molière)和儒勒·罗曼(Jules Romains)以娱乐的方式,表明了什么样的医学制度(iatrocratie)可以让这种论断合法化。但是这也可能意味着世界上根本没有病人,然而这是很荒谬的。人们或许想知道,医师们之所以严肃地声称不存在完美的健康因而无法定义疾病,是否是因为他们怀疑自己这样一来会完全重新挑起关于完美的存在和本体论论据的问题。

很长时间来,人们试图知道,他们是否能够从完美的本质出发来证明完美的生命的存在,因为,既然有了所有的完美的特征,它就能够成为存在的。完美的健康的存在问题,也与此类似。正如完美的健康难道不是一个标准性(normatif)的概念,一种理想类型吗? 严格地说,标准(norme)并不存在,它所扮演的角色,就是贬低存在,以对存在进行修正。说完美的健康并不存在,就是说健康的概念并不是关于实际存在的概念,而是一种标准,其功

---

[1] 这是事实,比如 H. Roger 在《医学导论》(*Introduction à la médecine*)中。同样,还有 Claude 和 Camus 在《普通病理学》(*Pathologie générale*)中。

能和价值,就是被放入与存在的关系中,从而引起对存在的修正。这并不只是说健康是一个空洞的概念。

然而,克劳德·贝尔纳绝不是这样浅薄的相对主义者,因为事实上,首先,在他的思想中,连续性的论断常常意味着同质性,其次,他认为,把实验性的内容赋予正常这一概念,总是可能的。比如,他所说的动物的正常的尿液,就是空腹的动物的尿液,它总是可以与自己相比较——与此相一致,动物以自己的存储来给自己提供营养——而且,对从进食环境中获取的尿液来说,这可以作为一个长期的参照框架,这正是他想要建立的[5,II,13]。随后,我们将讨论正常状态与实验状态之间的关系。现在,我们只想考察克劳德·贝尔纳认为病态现象是正常现象的量变时所持的观点。很自然的,人们的理解是,如果在这一考察中,我们使用了最近的生理学或者临床数据,这并不是要指责克劳德·贝尔纳不知道他不可能知道的东西。

* * *

如果人们把糖尿看作是糖尿病的主要症状,糖尿病者尿液中糖分的出现,使其与正常的尿液就有了性质上的不同。就生理状态而言,病态一旦被认定具有某些基本的症状,那就具有了一种新的性质。但如果把尿液看作是肾脏分泌的产物,医师的思考就会转向肾脏以及肾脏过滤与血液构成的关系,由此,他就会认为糖尿是血糖溢出了临界点。超过临界点的葡萄糖与正常状态下临界点内的葡萄糖在性质上是一样的。实际上,唯一的区别就在于数量。因而,如果从结果——生理结果或者病态症状——来考虑肾脏的泌尿机理,疾病就是一种新的性质的表现;如果从机理本身来考虑,疾病就仅仅是一种量变。同样,尿黑酸症可以被用来作为一个例子,证明正常的化学机理同样能够产生非正常的症状。伯德克(Bœdeker)在1857年发现的这种罕见的疾病,在根本上是由一种氨基酸即酪氨酸代谢紊乱造成的。尿黑酸或者是酪氨酸中间阶段代谢的正常产物,但尿黑酸症的形成,是因为它不能够走出这一阶段,不能燃烧尿黑酸[41, *10.534*]。随后,尿黑酸进入了尿液,暴露在碱中,因为氧化而发生变化,排出一种黑色素,染黑了尿液,而且使其发生了质变。这种新的性质绝不是尿液中出现的某种性质的放大。而且,在试验中,尿黑症可以通过大量吸收酪氨酸(每24小时50克)引发。因此,这种病态现象,我们可以用定性或者定量的方法来定义,这取决于一个人的观点,取决于是从生命现象的表现还是其机理来考虑。

然而,人们能够选择自己的观点吗?如果我们想要获得一种科学的病理学,我们应该考虑真正的原因,而不是明显的效果,应该考虑功能发生的机理,而不是它们的症状表现。这难道不是很明显的吗?贝尔纳把糖尿病和血糖联系起来,把血糖和肝脏的糖原生成联系起来,考虑的正是其机理,是从一系列数量关系中得出的科学解释;比如,膜片平衡的物理规律、溶液浓度的规律、有机化学反应,等等。这难道不是很明显的吗?

如果生理功能被看作是一种机理,临界点被看作是一种阻碍,规则是安全阀、继动闸或者自动调温器,那么,所有这一切都是无可争议的。我们将要掉入机械疗法观念的陷阱和危险中吗?再以糖尿病为例,今天,我们决不会认为糖尿仅仅是血糖的一种功能,而且,肾脏通过设定临界点(贝尔纳一开始认为是1.70‰,

而不是3‰)来阻止葡萄糖的过滤。据沙巴尼耶(Chabanier)和罗伯-奥尼尔(Lobo-Onell)说:"从根本上说,肾脏的临界点是**变动的**,而其**性能是变化多样的**。这取决于病人。"[25,16]一方面,在没有过高血糖的对象中,糖尿有时候会表现出来,甚至高于真正的糖尿病。另一方面,某些血糖有时达到3克甚至更高的人,在其身上,糖尿却实际上可能是零。这就叫做纯血糖过高。而且,用于观察的同一条件下的两例糖尿病,在早晨空腹状态下血糖均为250克,却可能显示出糖尿的变化来。在尿液中的葡萄糖,一个减少了20克,而另一个减少了200克[25,18]。

现在,我们被引向了一种经典图式的修正。这种图式仅仅以血糖过高为中介,把糖尿和最基本的障碍联系了起来。我们修正的方式,是在血糖过高和糖尿之间引入一种新的说法:"**肾脏的性能**"[25,19]。通过提出临界点的变动性、肾脏的性能,一种新的观念被引入到了对尿液分泌机理的解释中。这种解释不能够用分析性的、量化的术语来表达。然而,说变成糖尿病人,是什么也没改变,这一论断,只有在那些以解剖学的立场来认识某种功能的人眼中,才会显得荒谬。我们似乎可以得出结论说,在对生理状态和病理状态进行比较的过程中,就同一种症状,换一种原理,两种状态之间在性质上的差别并没有被消除。

当我们不再把疾病归入各种功能障碍,并将其作为涉及一个整体的生命有机体的事件时,就不得不接受这个结论。对糖尿病病人来说,情况更是如此。今天,我们承认它是"就血糖过多而言,使用葡萄糖的能力的下降"[25,12]。冯·梅林(von Mering)与闵科夫斯基(Minkowski)1899年发现的**实验性胰腺糖尿病**、拉盖斯(Laguesse)发现的胰内分泌腺、班廷(Banting)和贝斯特

（Best）1920年通过朗汉斯（Langerhans）的胰岛分离出的胰岛素，都让人确信这样的观点，即糖尿病人最基本的障碍，就是胰岛素分泌太少。然而，难道说，贝尔纳毫不质疑的这些研究，最终确证了他的普通病理学原理？当然不是，因为在1930－1931年间，奥赛（Houssay）和比亚索蒂（Biasotti），通过破坏蟾蜍和狗的胰腺与脑垂体，表明脑垂体和胰腺在新陈代谢中的作用是相反的。在完全摘除了胰腺后，一条健康的狗存活不超过四至五周。然而，同时摘除了脑垂体和胰腺，带来了糖尿病方面的巨大进步：糖尿急剧下降，而且，在空腹状态下，甚至完全消失；多尿症消失；血糖接近正常状态，而且，消瘦的趋势明显减弱。因此，可以得出结论说，在碳水化合物的新陈代谢中，胰岛素的作用并不是直接的，因为糖尿病可以在不对胰岛素进行管理的情况下得到减轻。1937年，扬（Young）明确指出，连续三周每天注射脑垂体前叶提取素，一条正常的狗可能有时候也会变成明显的糖尿病患者。埃东（L. Hédon）和卢巴蒂埃（A. Loubatières）在法国继续了扬的实验性糖尿病研究。他们得出结论说："脑垂体前叶**暂时的**过度活跃，很可能不但导致血糖调节作用的暂时性障碍，而且还导致那种起因消失后仍然无限存在的**永久性糖尿病**。"［54，105］我们由减弱回到了增强吗？而当我们相信克劳德·贝尔纳的洞察有缺陷时，它会变得毫无瑕疵吗？事实似乎不是这样，因为，考虑到方方面面，这种脑垂体分泌过多，只是在腺状的层面上，脑垂体肿瘤或者普通内分泌调整（青春期、更年期、妊娠期）的症状。就内分泌来说，在神经系统的案例中，局部化是"特殊的"，而不是绝对的，而且，那种表现为局部的增加或者较少的现象，事实上是一种整体的改变。拉特里（Rathery）写道："没有比这种看法更虚幻的了，即认为糖分的新陈代谢是在胰腺及其分泌物的单独控制下进行的。糖分的新陈代谢取决于很多因素:a)血管腺,b)肝脏,c)神经系统,d)维生素,e)矿物质,等等。然而,其中任何一种因素都可能引发糖尿病。"[98,22]如果我们把糖尿病看作是一种营养疾病,把持续性的血糖看作是对整个机体来说不可或缺的**紧张**(见Soula)[1],我们就远远不能够像克劳德·贝尔纳在1877年的糖尿病研究中那样,得出同样的关于一般病理学的结论。

然而,人们不太会批评这些结论是错的,而是批评它们不够完善和片面。它们源于对一个或许特殊的案例的不当推论,以及,更多地,源于对观点的采用来说显得笨拙的定义。可以肯定的是,某些症状是生理状态持续运作的量变的产物。这应该是事实,比如,对胃溃疡中的胃酸过多症来说就是这样。在健康和疾病状态中,某些机理可能有同样的情况。在胃溃疡中,决定胃酸分泌的反应,似乎总源于幽门窦,如果幽门旁边的狭窄性溃疡,真的出现了关键的分泌过量,以及通过胃切除手术将这一区域切除,会带来分泌物的降低的话。

然而,首先,就溃疡这一特定案例而言,我们必须要说的是,这种疾病的本质,并非由胃酸过多构成,而在于此时的胃在消化它自己。几乎人人都毫不怀疑地同意,这是与正常状态完全不同的。顺便说一句,或许这是一个很好的例子,可以解释正常功能到底是什么。一种功能可以被称为正常的,如果它独立于自己所产生的效果。胃的消化在没有消化自身的情况下进行,那么,它

---

[1] 生理学讲稿《内环境的稳定》(*La constance du milieu intérieur*),Faculté de Médecine de Toulouse,1938 – 1939。

就是正常的。它具有像天平秤那样的功能：首先是精确，然后是敏感。

另外，我们还必须说，所有的病态案例，远远不能够简化为克劳德·贝尔纳提出的解释模式。对《动物热量讲稿》中提出的模式来说尤其如此。当然，并不存在什么正常的体热和病态的体热，因为两者都可以用表现为同样的物理效应的，即通过测量直肠或者腋窝温度时汞柱的上升来表达。然而，这种体热的身份，与热源的身份无关，甚至与释放卡路里的机理的身份无关。克劳德·贝尔纳回答其意大利对手说，动物的热量通常来自组织层面上血液的燃烧。然而，同样的血液可能以很多的方式燃烧，其分解也可能停止于不同的层面。理性地假设，辨清化学和物理的规律本身，并不是一定要弱化凸显它们的现象的独特性。在衡量最基本的新陈代谢时，让一个患有巴塞杜氏（Basedow's）病的女性在一个密闭的空间呼吸。空间中的量变能够反映出氧气的消耗率。此时，氧气总是根据氧化的化学规律燃烧（每公升氧气5卡路里），而且，在这一案例中，恰恰是通过维持这一规律的牢固地位，人们才可以计算新陈代谢中的变化，并称之为非正常。正是在这个意义上，生理的和病理的才有了同一性。然而，我们同样也可以说，在化学的和病理的之间存在着同一性。我们得承认，这种方式是取消病态问题，而不是阐明了它。同样，在人们宣称病理的和生理的有着同一性的案例中，不也是如此吗？

总之，克劳德·贝尔纳的理论，只在有限的一些案例中具有合法性：

1.当病态现象只限于**从其临床背景中抽象出来的**某些症状（胃酸过多、体温过高或过低、反射性过度兴奋）时；

2. 当症状的效应被追踪到**部分的**功能性机制(通过血糖过量来认识糖尿病,通过酪氨酸的不完全代谢来认识黑尿病)时。

即使限于这些具体的案例,他的理论也遭遇了许多难题。谁会坚持认为,高血压仅仅是生理动脉压力的增加,并忽略生命器官(心脏、血管、肾脏、心肺)结构与功能的改变(这种改变竟然为机体构造了一种新的生活方式、新的行为。任何谨慎的治疗都应该将它考虑在内,而不是把血压看作是处在一个不合时宜的时刻,以便让其回到正常状态)? 谁又愿意承认,对某种氧化物过敏,是正常反应在数量上的简单变化,而不是首先自问存在的是不是只是表面现象(错误地摘除肾脏,或者就已有的正常标准来说过快的再度吸收),不是接着去区分只让现象发生量变的同种毒素的不相容性,和让细胞对毒素的反应引发出新症状的异性毒素的非相容性(A. Schwartz)?[1] 功能的运作也同样如此。它可以很容易地被独立地纳入实验中。然而,在活着的机体中,所有的功能都是独立的,而它们的节奏是协调的:肾脏的行为,在理论上可以被轻易地与作为一个整体而运转的机体的行为分离开来。

通过援引新陈代谢现象(糖尿病、动物体热)领域为例,克劳德·贝尔纳发现了一些太孤立的案例,如果不武断,根本就不能够将其普遍化。那些在前科学(préscientifiques)的边界开始显露出其病原和发病机理的传染病,怎么能够在他的框架中得到解

---

[1]《药物学教程》(*Cours de Pharmacologie*), Faculté de Médecine de Strasbourg, 1941–1942.

释？当然,关于隐性传染病(Ch. Nicolle)[1]的理论以及关于体质的理论,允许人们承认,传染病根源于所谓的正常状态。然而,这种流传甚广的观点却并不容易受到指责。对于健康者来说,喉咙上带有白喉杆菌是很正常的,同样,去除尿液中的磷酸盐,或者从黑暗中走到光亮中,他的瞳孔会收缩,这都是正常的。一种处于悬置状态或者弱化状态的疾病,并不是与某种功能的运作相应的正常状态。这种正常状态遇到障碍,可能是致命的。同样,如果说,像巴斯德(Pasteur)所建议的那样把体质牢记在心,确实是一个不错的主意,那么,人们或许仍然不应该不遗余力地把细菌当做一种附带现象。要让饱和溶液凝固,就需要等到最后一片结晶体出现。严格地说,要造成传染病,就需要有细菌。毫无疑问,通过对内脏神经进行物理的或者化学的刺激,造成肺炎或者伤寒这样的损伤是可能的[80]。然而,为了坚守对感染的经典解释,当感染发生时,人们可以尝试运用病原学的先例,在生病前后之间建立起某种连续性。但似乎很难断言在生物史上感染状态并没有造成真正的突变。

神经疾病给克劳德·贝尔纳以自己的原则为基础建立起来的解释,造成了另一个尴尬的事实。很长时间以来,人们用过度(exagération)或者不足来描述这些解释。当人们把和内部世界相

---

[1] 这种隐性传染病的表达,在我看来是不正确的。传染病只有从临床的观点来看,以及在宏观的层面上,才是隐性的。然而,从生物学的观点和体液的层面来看,传染病是显性的,因为它是通过血清中的抗体呈现出来的。但是,传染病仅仅是一种生物学现象,它是体液的一种改变。一种隐性的传染病不是一种隐性的疾病。

关的高级功能看作是基础反应的总和时,当人们把大脑中心看作是图像和印象的接收箱时,对病态现象进行一种定量的解释,就不可避免。然而,休林斯·杰克逊(Hughlings Jackson)、赫德(Head)、谢灵顿(Sherrington)的观念,为更新的理论,如戈尔德斯坦(Goldstein)的理论,奠定了基础,也让研究走上了另一个方向,即给那些事实赋予了综合的、性质的价值,首先是以先前所不承认的价值。以后我们还会回过来讨论这一点。在这里,我们完全可以简洁地说,根据戈尔德斯坦的说法,与语言障碍有关的正常的行为,只有在引入了疾病改变人的性格这一观念后,才能够用病理学的术语来解释。一般来说,一个正常的个体的任何行为,如果没有理解病态行为(它是为了改变后的机体存在的可能性而发生的)的意义和价值,就不应该与一个病人的类似行为联系起来:"必须警惕这样的想法,认为一个病人身上可能具有的各种姿态,仅仅代表正常行为的残余,即经历破坏而幸存下来的东西。在病人身上留存下来的姿态,正如人们经常承认的那样,从不会以这种形式在正常个体身上出现,更不用说在其个体发育和系统发育的低级阶段出现了。疾病赋予了那些姿态以特殊的形式,而只有考虑到疾病状态,它们才能够得到正确的理解。"[45,*437*]

总之,正常状态与病态之间的连续性,在传染病中似乎并不是真实的,与神经疾病中的同质性(homogénéité)一样。

* * *

总的来说,克劳德·贝尔纳在医学领域,带着所有在前进中表现出进步的创新者的权威性,表达了一个时代的深刻要求。这个时代相信建立在科学的基础上的技术是万能的,并且会感到舒适,尽管有,或者因为,浪漫主义的哀悼。一种生活的艺术——正如最根本意义上的医学那样——意味着一种生命的科学。有效的治疗接受了实验病理学。而反过来,实验病理学又不能与生理学分离。"生理学与病理学互相渗透,成为同一种东西。"然而,是否可以由此粗暴简单地推断,在健康和疾病状态下,生命都是一样的,而且,在疾病中,以及通过疾病,它都不会学到任何东西?研究两种相反的东西的科学,是同一种科学,亚里士多德说。是否可以由此得出结论说,相反的东西并不是相反的?生命科学应该把所谓的正常现象和所谓的病态现象看作是具有同样的理论重要性的对象,为了使自身足以满足生命的各个层面的变迁的总体性,而易于相互的说明。其紧急程度,远比其合法性重要。这并不是说,病理学仅仅是生理学,甚至退而求其次,疾病,正如它和正常状态有关那样,仅仅代表了某种增加或减少。根据人们的理解,医学需要一门客观的病理学,但让研究对象消失的研究并不是客观的。人们可能会否认疾病是对机体的一种破坏,而且,人们会把它看作是机体通过自身的某些永久性功能的特技而创造的一种事件,而并不否认这一特技是新的。机体的一项行为可能与先前的完全不一样的行为之间存在着连续性。一件事降临时的渐进性,并不排斥事件本身的独创性。一种病态的症状,就其本身来说,表达的是某种功能的过度活跃。而这种功能的产物,与同样的功能在所谓的正常环境下的产物,完全是同一的。这一事实,并不意味着一种器官的障碍——作为整个功能性整体的另一种外表,而不是症状的总和——对于这个机体来说,并不是一种相对于那个环境的新的表现方式。

最终，难道不是可以说：只有在整个有机体的层面上，只有在谈到人的时候，即只有在把疾病当成一种坏东西的有意识的个体的整体性的层面上，才可能把病态当作病态，即把它看作是常态的一种改变？对于人来说，变成一个病人，意味着真正地过上了另一种生活，甚至是生物学意义上的生活。再一次回到糖尿病上来，从糖尿角度来看，糖尿病不是源于肾脏；从胰岛素分泌减少角度来看，它不是源于胰腺，它也不是源于垂体；它是源于所有功能已经被改变了的机体。这个机体受到了肺结核的威胁，其化脓性感染无休无止，其手脚因为动脉炎和坏疽而变得无用；而且，它会降临在男人或女人身上，使他们受到昏迷的威胁，使他们阳痿或者不孕，而对女性来说，怀孕，一旦发生，就是一场灾难，其眼泪——哦，分泌物的讽刺——是甜的。[1] 把疾病分解为一系列症状或者抽象地看待其复杂性，似乎纯粹是人为的。没有语境或者背景的症状还成其为症状吗？在与其复杂化的对象分离之后，复杂性还成其为复杂性吗？当一种孤立的症状或者功能性的机理被确认为病态的时候，我们忘了，造成它们这样的，是存在于它们个体行为中的不可分离的整体性中的内部关系。如果人们在病态现象的呈现中，了解到了对某种独立的功能的生理学分析，这是因为有了先前的临床信息，因为临床实践让医师与完全的、具体的个体发生了联系，而不是与器官及其功能发生了联系。病理学，不管是解剖学的还是生理学的，其进行的分析，目的在于了解

---

[1] 克劳德·贝尔纳说，他永远不可能成功地从眼泪中发现糖分，然而今天，这是一个已经实现的事实。参见 Fromageot et Chaix,《糖类》(«Glucides»)，刊于《生理学》(*Physiologie*), fasc. 3, 2ᵉ année, Paris, Hermann, 1939:40.

更多,但是,它可以被作为病理学来理解,即作为对疾病的机理的研究来理解,而且,只有当它在临床实践中接受了如下这种疾病观念时,才可以这样理解:这一疾病观念的起源,应该在人类与整个环境发生关系的经验中去寻找。

正如已经说明的那样,如果以上的论述还有一点意义,那么,我们又该如何解释,现代的临床医师更愿意采用生理学家的观点,而不是病人的观点?毫无疑问,这是因为大量的治疗经验表明,主观的病态症状与客观的症状很少重合。如果一个泌尿科医生说一个抱怨自己肾脏的人,就是一个肾脏毫无问题的人,这绝不仅仅是俏皮话。对病人来说,肾脏是腰部的皮肤-肌肉区域,而对医师来说,它们是与其他器官相关的重要器官。一种被说出来的疼痛,至今有各种各样的解释。这种说出来的疼痛,作为一个众所周知的现象,使得我们不会认为病人所经历的作为一种主要的主观症状的疼痛,与这些症状试图引起我们注意的内部器官之间,存在着一种固定的联系。但是,最重要的是,某种退化(dégénérescence)漫长的潜伏期、某些寄生虫侵入或者某些感染的隐蔽性,会让医生们觉得病人直接的患病经验是微不足道的,甚至认为它系统性地扭曲了客观的病变事实。每一位医师,经常会尴尬地知道,对有机生命直接可感的意识,本身并不是关于这个机体的科学,并不是与人类身体的病态损伤的定位、数据有关的无懈可击的知识。

正因为如此,病理学至今都很少考虑疾病所具有的一个特征:即对于病人来说,它真的是**不同样子的生命**。当然,病理学在怀疑和修正病人的观点方面是正确的。因为感到不同,病人会认为自己知道自己在哪些方面不同,为什么不同。这并不是说,病人在第二点上明显错了,所以他在第一点上也不对。或许他的感觉预示了当代病理学正要开始研究的问题,即病态并不是生理状态在不同的量上的简单延伸,而是一种完全不同的东西。[1]

Ⅳ. R. 勒利希的观念

一个病人对自己的疾病状况作出的判断的无效性,在最近的一种疾病理论中,是一个重要的主题。这就是勒利希的理论。他的理论,尽管有时并不固定,但却是具体而深刻的。在前面的理论之后,我们似乎有必要介绍和考查它。它把前面的理论往某个方向做了引申,明显偏离了它,而靠向了别的理论。"健康,"勒利希说,"是在器官的沉默中的生命"[73,6.16 - 1]。反过来,"疾病是在人们生活和工作的正常过程中惹恼他们的东西,最重要的是,使他们受苦的东西"[73,6.22 - 3]。健康状态是一种无意识状态。在其中,主体和自己的身体是同一的。相反,关于身体的意识,来自于对健康的界限、威胁和障碍的感知。从这些言论的意义来看,它们意味着,对正常的真正感知,取决于对标准加以破坏的可能性。最终,就有了绝非词语上的定义。在这种定义中,互相对立的术语的相对性,是正确的。原始的(primitif)这个术语并不等于是正面的(positive),负面的(négatif)这个术语也不等于毫无价值。健康是正面的,但是,却不是原始的,而疾病,以对立

---

[1] * 自从这一研究首次发表以来(1943),对克劳德·贝尔纳的观念的考察,就通过 Dr. M.-D. Grmek 的《克劳德·贝尔纳的疾病与健康观念》(«La conception de la maladie et de la santé chez Claude Bernard»)而被重新启动了。作为参考,可见后文第 220 页。

(妨碍)的形式,而且不是作为丧失(privation),是负面的。

然而,如果最终不使用保留(réserve)或者改正(correction)这样的词语来定义健康,关于疾病的定义马上就得到了修正。因为疾病的这一定义,是病人的定义,而不是医生的定义。从意识(conscience)的角度看,它是有效的,而从科学的观点看,它不是。勒利希指出,事实上,器官的沉默,并不一定等于疾病的缺席,而且,在机体中,存在着生命受到威胁的人长时间没有察觉的功能性损伤或者障碍。我们的身体在建立的过程中,需要一种丰富性。而为了这种丰富性,我们付出的代价是,在感知内在的失调(dérèglement)时常常会延迟。这种丰富性,对每一个组织来说,都过量了:肺的尺寸超过了呼吸的需要,肾的尺寸超过了分泌尿液以免中毒的最低需要。结论就是"如果一个人想要给疾病下定义,就必须去除掉疾病中人性的东西"[73,6.22-3];而且,更为残酷的是,"在疾病中,最不重要的事情,就是人"[73,6.22-4]。造成疾病的,不再是疼痛或者功能丧失和社会性方面的弱点,而是解剖学上的(anatomique)改变或者生理学上的障碍。疾病表现在组织的层面上,而且,在这个意义上,在没有病人的情况下,也可能存在疾病。比如,以一个从未抱怨过有任何疾病状况,而因为谋杀或者车祸早逝的人为例。根据勒利希的理论,如果一个法医尸检的意图在于揭示逝者并不曾知晓的肾癌,那么,我们的结论应该偏于疾病,尽管不能把这种疾病归于任何人,也不能够将之归于即将衰朽的尸体,或者归于曾经对它一无所知的活人。在他死亡之前,癌症的发展程度,在所有的临床可能性中,让病痛最终宣告了疾病的存在。从未在这个人的意识中存在的这种疾病,开始出现在了医生的科学中。然而我们却认为,**没有任何出现在**

科学中的东西,不曾先出现在意识中,特别是在前面的案例中,正是病人的观点成了实际的真理。其原因就在这里。医师和外科医生们掌握临床信息,而且,有时候会使用实验手段,使他们能够从人群中发现"病人",尽管这些人本身并不这么认为。这是事实。但是,是一个需要解释的事实。仅仅是因为今天的实践者们所继承的医学文化,是昨天的实践者传给他们的,所以在临床洞察力方面,他们超过了长期的或者短期的生病者。总会有这样的一个时刻,即考虑了方方面面的情况之后,临床医生的注意力,被那些抱怨感到不正常的人,也就是说,感到和过去不一样的人,或者遭受痛苦的人,引到了某些症状上,甚至是某些完全客观的症状上。如果,今天,医生所得到的关于疾病的认识,可能先于病人生病的经验,这是因为在此前,后者引起和唤起过前者的注意。这在法理上确实如此,即便在事实上并不是如此:因为是先有人感觉自己生病了,然后才有了医生,而不是因为有了医生,病人才从医生那里学到了生病。医生与病人在临床诊断中的关系的历史变迁,并没有给病人和疾病之间正常、恒久的关系带来任何改变。

这种批评可以比勒利希更尖锐地提出来,勒利希改变了自己最初一些提法中最尖锐的地方,只是部分地确认了它。勒利希在病理学中仔细地区分了静态的和动态的观点,并且宣称,后者具有绝对的优先性。对那些把疾病和损伤视为同一的人,勒利希反对说,解剖学上的情况,实际上应该被认为是"第二位的和次要的:第二位的,是因为它是由各组织的生命中最基本的功能的偏离造成的;次要的,是因为它仅仅是疾病的一个要素,而且不是决定性的要素"[73,6.76-6]。其后果是,正是病人的疾病概念,非常出人意料地重新成为疾病的适当概念,在任何方面,都比解剖病理学家的概念更适当。"人们应该接受这样的观念,即病人的疾病并不是医生的解剖学疾病。一粒石子在萎缩的胆囊中,可能很多年里也不会表现出任何症状,而且最终不会引发任何疾病,尽管存在着某种病理解剖学的状况……在同样的解剖学外表下,一个人是病的,一个人不是……但是,我们并不会因为仅仅宣布存在着无声的、伪装的疾病就能够消除这一困难:这仅仅是几个词语而已。损伤或许不足以引起临床疾病,即病人的疾病,因为这种疾病,绝非解剖病理学家的疾病。"[73, 6.76-6]然而,最好不要把勒利希肯定不会接受的东西强加给他。事实上,他所说的病人,更多的是活动着的、运转着的机体,而不是意识到自己的机体功能的个人。这种新定义中的病人,并不完全是先前的定义中的病人,一个意识到自己的生命中有利的和不利的状况的具体的人。病人不再是解剖学家的实体,而是生理学家的实体,因为勒利希清楚地说过:"对疾病的这种新的表述,让医学和生理学更为接近了,也就是,与研究各种功能的科学更接近了,而且,使得它自己与病理生理学和病理解剖学的关系至少变得同等了。"[73, 6.76-6]因而,疾病和病人之间的重合发生于生理学家的科学中,还没有发生在这个具体的人的意识中。而对我们来说,确认了第一种重合就够了,因为勒利希自己为我们提供了方法,可以由此得到第二种重合。

在重复了克劳德·贝尔纳的观点——当然是在没有意识到的情况下——之后,勒利希本人同样还断言了生理的状态和病态之间的连续性和不可分辨性。比如,在构建血管收缩(其复杂性在很长的时间里都没有被认识到)以及它们转换为痉挛现象的理论时,勒利希写道:"从肌肉紧张到血管收缩,也就是张力过强,从血管收缩到痉挛,不存在着分界线。一个人从一种状态到另一种状态,中间没有过渡,而且,造成变异的,不是事物本身,而是其效果。在生理与病态之间,并没有临界点。"[74,234]让我们来更好地理解最后一个定理吧。可以通过客观的测量方法来发现的数量的临界点是不存在的。但是,就同样在数量上可变的起因所产生的不同效果来说,却存在着质的区别。"即便动脉结构有着完美的自卫本能,痉挛也会远距离地产生严重的病态效果:它造成疼痛,产生零碎的或者扩散性的坏疽;最重要的是,它会增加系统周边毛细血管或者动脉的堵塞。"[74,234]堵塞、坏疽、疼痛,这些就是病态现象,而人们徒劳地寻找它们在生理学上的对应物:一条堵塞的动脉,从生理学上说,不再是一条动脉,因为它是一个障碍,而且也不再是一条循环的通道;——一个坏疽性的细胞也不再是一个细胞,因为,尽管存在着尸体解剖学,但根据词源学的定义,不可能存在尸体生理学;——最终,疼痛不再是一种生理的感觉,因为,根据勒利希的说法,"疼痛并不在自然的层面上"。

有关疼痛问题,勒利希富有创建的、意义深刻的论点已经众所周知。我们不可能把疼痛看作是正常活动的表达,一种不可长期存在的感觉(这种感觉的产生,是通过特定的、外围的接收器官,以及专门的神经传导通道和限定的中央分析器官来实现的)的表达;同样,我们也不可能把疼痛看作是整个有机体内外的危险事件的勤奋的探测者和信号传递员,或者是医生们非常欢迎并想要强化的有益防卫的反应。疼痛是"一种畸形的个体化现象,而不是类的法则。是一种疾病的事实"[74,490]。我们必须理解这几个字全部的重要性。对疾病进行定义,不再通过疼痛来进行,而是疼痛被当作了疾病来描述。而勒利希此时所理解的疾病,不再是生理现象或者正常现象的量变,而是本身就是不正常的状态。"我们身上的疼痛-疾病,就像一场事故一样,与正常感觉的规则相遇……每一样和它相关的事物都是非正常的,都违反了法则。"[74,490]这一次,勒利希非常清楚他要摧毁的经典信条。即使在他被迫要摧毁其基础的时候,他也感觉到了有乞求于那些经典信条的威严的众所周知的需要。"是的,毫无疑问,病态不是别的,就是生理状况出了问题。正是在法兰西学院,在这座讲台下,产生了这一观念,而且,它日益显得像是真理。"[74,482]因而,疼痛现象选择性地确证了在勒利希那里经常出现的把疾病看作是一种"生理的新变"的理论。这一观念胆怯地出现在了《法国大百科全书》(Encyclopédie française, 1936)第六卷最后部分:"对我们而言,疾病不再作为其所消耗的人体的寄生物出现。在这里,我们看到的是对生理秩序的某种偏离行为的后果,一开始很微小。总之,它是一种新的生理秩序。治疗必须让病人去适应它。"[73,6.76-6]然而,这一观念却明确地通过下面这段话而得到断言:"在一条狗身上,造成一种症状,甚至是主要的症状,并不意味着我们造成了一种人类的疾病。后者总是存在于一个整体中。给我们造成疾病的,触及到了生命最平常的恢复能力,其方式十分微妙,以至它们的反应与其说是一种偏移了的生理现象,不如说是一种新的生理现象——在其中,很多事物都以一种新的方式,产生非同寻常的回响。"[76,11]

我们不可能以它所要求的那种注意力来考察这种疼痛理论本身,但是,我们必须指出这种理论为我们所关心的问题能带来的好处。对我们来说很重要的是,医生在疼痛中发现一种可以理解的总体性反应现象,它只有在具体的人类个体身上才有意义,才成为一种感觉。"身体的疼痛并不是以固定的速度沿着某条神经移动的神经冲动这样一个简单问题。**它是一个刺激物和整个个体之间的冲突的结果。**"[74,488]对我们来说很重要的是,一个医生宣布,某人造成了自己的疼痛——就像他造成了自己的疾病,或者造成了自己的哀伤一样——而不是他从某处接受了疼痛或者忍受了疼痛。相反,把疼痛看作是身体的某一点接收到并传递到大脑中的印象,就是认定它完全是身体本身的,并存在于其中的,与经受疼痛的主体的活动没有任何关系。可能的情况是,在这一问题中,解剖学和生理学数据的匮乏,给了勒利希完全的自由,从其他肯定的论据出发,否认了疼痛的特殊性。但是,否认某个产生和传导疼痛的神经装置在解剖学和生理学上的特殊性,在我们的观点中,并不是一定要否定疼痛的功能性质。当然,很明显的是,疼痛并不总是一个忠实可靠的警示信号,而目的论者们则欺骗自己,赋予其预示的能力和责任,而没有任何人体科学愿意承认它们。然而,同样明显的是,生命个体对自己生存境况的漠不关心,对他与环境之间的交流质量的漠不关心,是严重非正常的。承认疼痛是一种重要的感觉,并不需要承认疼痛拥有某种特定的器官或者它在部位的或者功能的领域中具有百科全书式的信息价值。生理学家们可以打破这个疼痛的幻象,就像物理学家们打破视觉的幻象那样,这意味着感觉不是一种认识,而且,其正常价值不是理论价值,然而,这并不是说它没有价值。人们似乎首先应该仔细地区分来自外皮的疼痛和来自内脏的疼痛。如果后者的呈现是非正常的,要否认外皮在机体与环境的分离和聚合时产生的疼痛这一正常特征,是很困难的。在硬皮病和骨髓空洞症中,对外皮疼痛的抑制,可能导致机体对整个自身受到的攻击反应冷淡。

但是,我们必须记住,勒利希在定义疾病的时候,除了通过效果来定义外,找不到任何其他的方法。现在,有了至少其中一种效果,即疼痛,我们毫不含糊地离开了抽象科学的图景,来到了具体意识的领地。这一次,我们获得了疾病和病人之间的完全的重合,因为疾病-疼痛,正如勒利希所说,是整个有意识的个体层面上的事实,而勒利希把整个个体的参与和合作与其疼痛联系起来的分析,允许我们将这一事实称为"行为"。

* * *

由此,我们清楚地看到了勒利希的观点是以怎样的方式来扩展孔德和贝尔纳的观点,在真实的医疗经验上变得更加微妙和丰富的,以及它们是以怎样的方式来偏离他们的观点的,因为考虑到生理学和病理学的关系,勒利希接受了技术人员的判断,而不是像孔德这样的哲学家或者贝尔纳这样的科学家的判断。尽管存在一开始提到过的意图上的差别,孔德和贝尔纳有一个共有的观点认为,一般情况下,一种技术是某种科学的应用。这是实证主义最基本的观点:认识是为了行动。生理学必须为病理学提供指导,以便建立治疗学。孔德认为,疾病必须替代实验,而贝尔纳认为,实验,即便是在动物身上进行的实验,也能让我们了解人类的疾病。然而,最终,对两人来说,我们在逻辑上的进步,仅仅是从实验生理学认识过渡到医学技术。勒利希则认为,事实上,我们更多的是,并且也应该,从病态所引发的医学和临床技术来获得生理学知识。生理学知识,是通过对临床治疗经验的回顾性总结得到的。"我们可以自问,对正常人的研究,哪怕得到对动物的研究的支持,是否足以完全让我们了解人的正常生活。我们正在建立的计划的广泛性,使分析变得非常困难。首先,这一分析,是通过研究对器官的抑制所产生的缺陷来进行的,也就是,在正常的生活中引入变化并找到其后果。不幸的是,对一个健康的人所进行的实验,常常伴随着一种略显粗暴的决定论,而且,健康的人很快就纠正了这种最微小的天然的不足。或许,当变化被疾病悄无声息地引入到人身上后,或者,从治疗学上说,正好遇上疾病时,观察其效果会更容易点。因此,病人可以提升我们对正常人的认识。通过研究他,可以发现他身上的缺陷。这是最精细的动物实验也无法提供的。而且,也多亏了这些缺陷,我们才能追溯什么是正常的生命。这样,对疾病的全面研究,有这样的趋势,即成为正常的生理学越来越重要的因素。"[73,6.76-6]

显然,这些观点更接近孔德的观点,而不是克劳德·贝尔纳的观点。然而,它们的差别也是深刻的。正如我们所见,孔德认为对正常状态的认识,一般来说,必须先于对病态的评估,而且,严格来说,这种知识的形成,也无需参照病态,尽管这样可能无法得到太多的扩展;同样,孔德捍卫了理论生物学相对于医学和治疗学的独立性[27,247]。相反,勒利希认为,生理学是病人通过其疾病提出来的问题的解决方案的总和。这事实上是在病态问题上最深刻的洞见之一:"在每时每刻,我们身上都有很多生理学无法告诉我们的生理上的可能性。而必须通过疾病,它们才暴露给我们。"[76,11]生理学是关于生命的功能和形态的科学,然而,是生命向生理学家们的探索提示了自己的形态,而他们将关于这些形态的规则系统化了。生理学不能够仅仅把那些其机制很容易理解的形态,指定给生命。疾病是生命的新形态。没有不停地更新探索领域的疾病,生理学只能原地踏步浪费时间。然而,接下来的观点,同样可以用另一种略为不同的方式来理解。疾病正是在它们使我们身上的功能不起作用的时候,向我们暴露了那些正常的功能是什么。疾病是思辨性关注的起因。这种关注,以人为媒介,由一个生命投注在另一个生命之上。如果健康就是生命处在器官的沉默中,那么,严格来说,并不存在关于健康的科学。健康就是器官的纯洁清白。要使一种知识成为可能,就必须丧失纯洁清白,像所有的纯洁清白一样。生理学和所有科学一样,正如亚里士多德所说,是由震惊带来的。然而,真正生死攸关的震惊,是疾病造成的焦虑。

从导论到这一章,我们毫不夸张地宣布,勒利希的观念,再一次放在历史视野中,会出人意料地突出。看来,从今往后,任何对由疾病所提出的理论问题的探索,无论是带着哲学还是医学意图的探索,都无法忽略它。冒着得罪那些认为智慧只能够在理智主义中获得的大人物的危险,请允许我再重复一次,勒利希的理论——撇开针对其内容的某些细节的批评——的内在价值,在于它是关于一种技术的理论。对这一理论来说,技术的存在,不是作为一个执行无形的命令的温顺的奴仆,而是作为一个指导者和推动者,它把人们的注意力引向具体的难题,并把研究的方向转向一些障碍,而并不预先对将要提供给它的理论解决办法做任何的假设。

V. 一种理论的多重含义

"医学,"西格里斯特说,"是与整个文化联系最密切的,医学观念的每一个变化都受到时代观念变化的影响"[107, 42]。我们刚刚展示的理论,是医学的、科学的,也是哲学的,完美地确证了这一论断。在我们看来,它同时符合了它自己在其中得以形成的文化在那个历史阶段的各种要求和知识公设。

首先,这一理论造成了这样一种理性主义的乐观主义信念,即邪恶是不存在的。把 19 世纪的医学(尤其是巴斯德之前的时期)和前几个世纪的医学区分开来的,是其坚定的一元论特征。18 世纪的医学,尽管有机械疗法者和化学疗法者的努力,在万物有灵论者和活力论者的影响下,仍然是二元论的医学,一种医学的善恶二元论。**健康**和**疾病**在**人**身上相互斗争,就像**善**与**恶**在**世界**上互相斗争一样。带着极大的知识满足,我们重提这段医学史的文字:"帕拉塞尔苏斯(Paracelse)是一位空想家,范·海尔蒙(Van Helmont)是一个神秘主义者,斯塔尔(Stahl)是一个虔诚派教徒。这三位都是创造性的天才,但却受到他们的环境和所继承的传统的影响。之所以很难评价这三位伟大人物的信仰改革,是因为人们感觉到很难把他们的科学观念与宗教信仰分离开来……我们不能确定的是,帕拉塞尔苏斯不相信可以找到生命的长生不老药;我们可以确定的是,范·海尔蒙把健康等同于救赎,把疾病等同于罪恶;而斯塔尔自己,尽管很有脑子,却在《真正的医学理论》(*La vraie théorie médicale*)中,对关于原罪和人类堕落的信仰,有过度的运用。"[48, 311]这超出了范围!作为布鲁塞伟大的崇拜者、19 世纪初医学本体论势不两立的敌人,作者如此说道。

否定疾病的本体论观念，即对正常和病态之间的数量上的同一性的论断所做的否定性推论，或许，首先是在更深的层次上拒绝承认邪恶。当然，不可否认的是，科学的治疗，要高于魔法的治疗或者神秘的治疗。可以肯定，在需要行动的时候，有知胜于无知，而且，在这个意义上，启蒙哲学和实证哲学的价值，甚至科学主义的价值，是毫无争议的。问题还不在于医生不从事生理学研究和药理学研究。最重要是不要把疾病等同于罪恶和邪恶。但是，邪恶不是一种生灵这一事实，并不意味着邪恶是一个被掏空了意义的概念；也不意味着不存在负面的价值，甚至在有关生命的价值中；也不意味着病态在本质上和正常状态是一样的。

反过来，我们所讨论的这个理论，传达了这样一种人文主义的信念，即对于关于环境和关于人类自身的知识来说，人类针对环境和自身的行为，能够也应该完全变成透明的；这种行为正常说来必须仅仅是对一种已经建立起来的科学的应用。翻看《糖尿病讲稿》(*Leçons sur le diabète*)，很明显，如果一个人肯定正常和病态之间的同一性和连续性，那是为了建立一门生理科学。这种科学通过病理学的中介作用，能够控制治疗活动。在这里，忽略了这样一个事实，即革新的时机与理论进步的相遇，是通过人类意识在自己非理论性的、应用性的、技术性的活动中实现的。除了技术成功地引入的知识外，拒绝承认技术自身的价值，会让知识进步的非常规面貌变得难以理解，也让实证主义者经常看到并为之惋惜的那种超出科学的力量，变得更难以理解。如果技术的莽撞，在不考虑自己将要遇到的各种障碍的情况下，不能够经常凭借系统知识的谨慎来进行预测，那么，需要解决的科学难题（它们在遭遇失败后，会让人震惊），就会变得很少了。在经验主义范围内,这些是真理。而经验主义是知识冒险的哲学,它被受反作用的诱惑而自我理性化的实验方法所轻视。

然而,我们不能够毫无偏差地指责克劳德·贝尔纳忽略了生理学在临床实践中发现的知识刺激。他自己承认,他在血糖和动物机体中的葡萄糖生产上所进行的实验,出发点是对与糖尿病有关的观察,对与吸收的碳水化合物数量和尿液排出的葡萄糖数量之间某些时候引人注目的比例失调有关的观察。他自己总结出了如下一般原则:"首先必须提出医学难题,就像对疾病的观察所提出的医学难题那样,然后,再实验性地分析病态现象,以求为病态现象提供一个生理学解释。"[6,349]不管怎样,对克劳德·贝尔纳来说,病态现象与对它的生理学解释仍然不具有相同的理论重要性。病态现象容纳了解释,而不是激发了解释。这在这句话中更为明显:"疾病在本质上,就是需要确定的新环境中的生理现象。"[6,346]对任何一个了解生理学的人来说,疾病确证了他所了解的生理学,然而,实质上,它们什么也没有教给他;在病态中,现象是一样的,除了环境外。仿佛人们可以在抛开了环境条件的情况下确定现象的本质一样!仿佛环境条件只是一个面具或者外框,并没有改变面孔或图画本身!我们应该把这一论断和前面所引的勒利希的论断相比较,以便体会言语的细微差别在表达上的全部重要性:"在每时每刻,我们身上都有很多生理学无法告诉我们的生理上的可能性。但是,是疾病把它们暴露给了我们。"

在这里,趁着文献研究的机会,我们通过再次表达如下观点而获得了智性的愉悦,即内在矛盾最明显的论点自有其传统,而这一传统毫无疑问地表现了其长久以来的逻辑必然性。当布鲁塞把自己的性格的权威性,赋予了建立生理医学的理论时,这一理论也引起了一个不出名的医生,一个叫做维克多·普鲁斯(Dr. Victor Prus)的人的反对。此人在1821年因为一篇旨在清楚地定义股白肿和刺激这两个术语及其对医学实践的重要性的论文,入围了一项竞赛,而受到了加尔医学会(la Société de Médecine du Gard)的奖励。他质疑了如下观点:生理学独立地构成了医学的天然基础;它可以独立地建立起关于各种症状及其相互关系和价值的知识;病理学的解剖,可以由关于正常现象的知识推演而来;对疾病的预测,源于对生理学规则的了解。随后,作者补充道:"如果我们想要深入研究这篇文章所处理的问题,我们需要指出,**生理学,远不是病理学的基础,相反,它只能产生于病理学**。正是通过那些变化,即把某个器官的疾病,或者有时候该器官行为的完全中止,记录到各种功能中的那些变化,我们才得以了解这个器官的作用和重要性……因而,外生骨疣,通过压缩和阻碍视觉神经、上臂神经和脊髓,将其通常的目的展示给了我们。布鲁松(Broussont)丧失了对实词的记忆;在他临死之际,我们在其大脑前部发现了脓肿,而且,人们由此相信,这就是存储名字的中心……因而,病理学在病理学解剖的帮助下,创造了生理学:每一天,病理学都在清除生理学此前的错误,并帮助其进步。"[95,L]

在撰写《实验医学研究导论》(Introduction à l'étude de la médecine expérimentale)的过程中,克劳德·贝尔纳不仅仅想要宣称有效的行动和科学容易混同,而且,同样的,科学和对现象的规律的发现,也容易混同。在这一点上,他和孔德是完全一致的。孔德在自己的生物哲学中所说的生存条件的原则,被贝尔纳称为决定论(déterminisme)。他自诩是第一个将这一术语引入法国科学界中的人。"我相信,我是第一个将之引入科学中的人,但是,它被哲学家们在其他的意义上使用过。在我计划撰写的一本书——《论科学中的决定论》(*Du déterminisme dans les sciences*)——中确定这个词的意义,是很有用的。它将会成为我的《实验医学研究导论》的第二个版本。"[103,96]"生理学和病理学是同一种东西"这一原则所宣称的,正是对决定论的普遍适用性的坚信。在病理学被拿来和前科学时代的观念捆绑在一起的时代,存在着一种物理化学生理学,满足了人们对科学知识的需要,也就是,通过实验确证的关于量变规律的生理学。可以理解的是,19世纪早期的医师们,很合理地期待一种有效的、理性的病理学,并在生理学中看到了最接近他们的理想的充满希望的模型。"科学拒绝**非决定论**,而且,在医学中,当我们的观点是建立在切脉、灵感或者关于事物的多少有些模糊的灵感上时,我们就处在科学之外了,而且,得到了一个幻想医学的例子,当它把病人的健康和生命托付给一个受灵感激发的不学无术之徒的突发奇想时,将最严重的危险展示了出来。"[6,96]但是,正由于生理学和病理学这两者中,只有前者包含了一些规律,并假设了关于其对象的决定论,我们就没必要总结指出,在有了对理性的病理学的合理需求的情况下,病态现象的规律和决定论,就等同于生理学现象的规律和决定论。通过克劳德·贝尔纳,我们知道了谁是持这一信条的先行者。在《有毒物质及其治疗物讲稿》(*Leçons sur les substances toxiques et médicamenteuses*)一开始论述马让迪的生平与作品的部分,克劳德·贝尔纳告诉我们,他占据了这位教师的讲席并继续了他的课程,而这位教师从著名的拉普拉斯(Laplace)那里"感受到了真正的科学"。我们知道,拉普拉斯在动物呼吸和动物热量的研究中是拉瓦锡(Lavoisier)的合作者。这项有关生物现象的规律的研究,是根据物理学和化学所赞同的实验和测量方法来进行的研究,所取得的第一个了不起的成就。这项工作的结果,就是拉普拉斯保持了对生理学的明确兴趣,并支持马让迪。如果拉普拉斯从没有使用"决定论"这一术语,他也是这一术语的精神之父之一,至少在法国是如此,也是通过这一术语而建立起来的定理的权威和公认的奠基者。对拉普拉斯来说,决定论并不是一种方法论的要求,一个标准的研究假设,足够灵活,而不能够预见其结果的形式,它自己就是现实,是完整的,在牛顿和拉普拉斯的力学框架中变得**不可更改**。我们可以认为,决定论对它们所联系在一起的定理公式和概念的不断修正,保持着**开放**,而对自己假设的确定性内容保持着**封闭**。拉普拉斯建立了封闭决定论的理论。克劳德·贝尔纳并没有以其他的方式来处理它,这毫无疑问就是为什么他并不相信病理学和生理学之间的合作,能够引来对生理学概念的进步性修正。在这里,很适合重提怀特海(Whitehead)的格言:"各门科学总是彼此借用对方一些东西,但一般只是借用三四十年前的老东西。我童年时期的物理学假定,就是这样,对今天生物学家的思想造成了深刻影响。"[1]

最终,决定论假设的后果,就是像由生理学和病理学的本质同一性所暗示的那样,质量被化约为数量。把一个健康人和一个糖尿病人之间的差异,化约为体内葡萄糖含量的差异;把一个糖尿病人和一个还未达到肾脏临界点的人进行区分的任务,简单地等同于程度上的数量差别,意味着对各种物理科学精神的服从。

---

[1]《自然与生命》(*Nature and Life*),Cambridge,1934. 转引自 Koyré 在《哲学研究》(*Recherches philosophiques*)中的思考,IV,1934 – 1935:398.

这些学科，以一些规律为基础，只有把这些现象化约为某种有共同度量标准的东西，才能够解释它们。为了把一些项引入到构成和从属的关系中，首先应该获得这些项的同质性。正如爱弥尔·梅耶逊（Emile Meyerson）已经表明的那样，人类通过识别实在和数量来获得认识。然而，我们必须记住，尽管科学知识让质量变得无效，使其显得虚幻，但它并未取消它们。数量是被否定了的质量，却不是被取消了的质量。被人眼感知为不同颜色的简单光线在质量上的多样性，被科学化约为波长的数量差异，然而，以数量差异形式存在于波长计算中的，仍然是质量上的多样性。黑格尔认为，通过增加或减少，量变上升为质变。如果一种与质量的关系，并不存在于那个被否定了的、被称为数量的质量中，这一点就完全难以想象。[1]

从这一观点看来，认为病态实际上是生理状态更大或者更小的一种变化，就完全不合理了。要么，这种生理状态被想象为对于这个活着的人来说具有某种质量和价值，因而，把这种在自身的变化中保持一致的价值，引申到其价值和数量与前者都不同而且在根本上相对立的所谓病态中，是很荒谬的。要么，被理解为生理状态的东西，是对数量的一个简单总结，没有生物学价值，只是一个简单的事实，或者一系列的物理和化学现象，然而，因为这一状态不具有重要价值，它就不能够被称为健康的、正常的，或者生理的。正常的和生理的，在生物学对象被化约为胶状平衡的和电离的溶液时，就没有意义了。生理学家在研究他所谓的生理的

---

[1] 余下的部分对黑格尔有着精到的理解，参见《逻辑学》（Wissenschaft der Logik），Kap. I, 3.

状态时，就这样把它变成了质了，哪怕是无意识地；他把这种状态当作是由生命所质化、且对于生命来说质化了的状态。然而，这种质化了的生理状态，并不能在不断延伸时还始终保持与自己的同一性，直到达到另一种能够无法理解地获得疾病性质的状态。

当然，这并不是说，对病态的功能的条件及其产物的分析，不能够给予化学家和生理学家一些数字上的结果，即比得上用同样的分析（这种分析涉及相应的所谓生理的功能）方法所得到的数字上的结果。但是，**更多**和**更少**这两个词，一旦在把病态定义为正常状态的量变时被采用，是否就具有了纯粹的量化的意义，这是值得讨论的。同样值得讨论的，是克劳德·贝尔纳的原则的逻辑一致性："一种正常的机能所遇到的障碍，如果在量变中增强或变弱，就造成了病态。"正如在谈到布鲁塞的观念时有人所指出的那样，在生理的功能和需要的指令下，人们所说的更多或者更少，是相对于正常而言的。比如，组织的水化作用，就是一个可以用更多或更少这两个术语来表述的事实；同样的情况，也适用于血液中的钙含量。这些在数量上有差别的结果，在实验室中是没有质量、没有价值的，如果实验室和医院或者诊所没有联系的话。在后两种场所，这些结果的数值，要么是非尿毒症的数值，要么是非破伤风的数值。因为生理学处在实验室和诊所的十字路口，这里采用了两种有关生物现象的观点，然而，这并不意味着，它们可以互换。用量的渐变来取代质的反差，并不会取消这种对立。对那些选择采用理论的、度量的观点的人而言，它总会留在脑后。当我们说健康和疾病通过中间状态联系在一起时，当这种连续性变为同一性时，我们忘了，这种差别在两极之上仍然表现了出来。没有它，各种中间状态就不能发挥其中介作用；毫无疑问，人们无意识地，然而不合理地，混淆了对各种同一性的抽象计算和对各种差异的具体衡量。

第二部分　关于正常和病态的科学存在吗？

Ⅰ. 问题介绍

有趣的是，我们注意到，当代的精神病医生们在自己的学科里，对**正常**和**病态**这两个概念进行了修正和重新解释，而医师和生理学家们明显无意由此得出和他们有关的教训。或许，个中缘由，应该从精神病学通过心理学的中介作用而与哲学发生的密切联系中去寻找。在法国，布朗德尔（Blondel）、丹尼尔·拉加什（Daniel Lagache）和尤金·闵科夫斯基（Eugene Minkowski）在界定病态或非正常的精神状况及其与正常的关系方面，做出了特别的贡献。在《病态意识》(*La conscience morbide*)中，布朗德尔描述了精神错乱的案例。在其中，病人似乎对人对己都显得无法理解，而且，医生确实有处理的是另一种精神结构的感觉；他试图在病人把自己的体感（cœnesthésie）数据翻译为通常语言的不可能性当中，寻找对这一现象的解释。医师无法根据病人的讲述，去理解病人的经验，因为病人用通常的概念所表达的，并非他们的直接经验，而是他们对经验的解释。对这些经验，他们已没有足够的概念来表达。

拉加什远没有这样悲观。他认为，在非正常的意识中，必须区分性质的变化和程度的变化;在某些精神病案例中,病人的个性与此前的个性是异质的,在另一些案例中,则存在着一种个性向另一种个性的延伸。和雅斯贝尔斯(Jaspers)一道,拉加什把无法理解的精神病和可以理解的精神病区分开了;在后者的案例中,精神病似乎明显地与先前的精神生活有关。因而,不考虑在理解其他精神病方面的普遍困难,精神病理学所提供的文献资源,在普通心理学中可以得到利用,也是照射正常意识的光源[66,8.08-8]。然而,而且,我们也正想指出的是,这种立场,与前面所提到的里博的立场完全不同。根据里博的说法,疾病,作为实验的一个自然而然的、在方法论上对等的替代品,达到了难以达到的地步,但却很尊重正常要素的性质——疾病把各种心理功能分解在了那些正常要素中。疾病破坏了组织(désorganise),但却没有改造组织,它暴露了问题却不提供替代方案。拉加什并不承认疾病和实验是类似的。实验要求对现象存在的条件进行深入的分析,同时,也要对各种条件进行严格的界定(为了观察这些条件的影响,人们要让它们不断地变化)。精神疾病不可能在以上任何一个方面与实验相提并论。首先,"自然在其中造成这些经验、精神疾病的条件,是最让人误解的:某种精神疾病的开端,常常不为医生、病人及其身边的人所注意;其精神病理学、病理学解剖都是模糊不清的"[66,8.08-5]。其次,"在把心理学中的病理学方法和试验方法看作是类似的这种幻觉的深处,存在着对精神生活的原子主义和联想主义的表述,一种官能心理学"[同上]。由于不存在可分离的基本的精神现象,病理学症状就无法与正常意识中的因素相比较,因为一种症状只有在临床环境中才有病理学意义。症状表达的是一种整体性的障碍。比如,一种言语的心理运动幻觉,和精神错乱有关,而精神错乱和个性的改变有关[66,8.08-7]。结果是,普通心理学,能够以同样在知识论上合法的方式,来使用精神病理学的数据和在正常人身上观察到的事实。和里博不同,拉加什认为,病态的组织破坏,并不是对正常组织的对称性的翻转。在病态意识中,也可能存在一些在正常状态中没有对等物的形式,而普通心理学可以从它们那里得到丰富:"甚至最异质性的结构,在其内在的研究价值之外,可以为普通心理学提出的问题提供数据;它们甚至会提出新的问题,而精神病理学词汇的一种奇特的独特性,就是接纳那些在正常的心理学中没有对等物的负面表达:我们怎么能不承认,像不协调这样的观念,投射在我们对人类的认识上的新光芒?"[66,8.08-8]

E. 闵科夫斯基也认为,精神错乱现象不能够被化约为一种疾病现象,参照普通或正常人的形象或具体观念而确定的疾病现象。当我们说另一个人精神错乱时,我们是出于直观,"是作为人,而不是作为专家"。疯人"越出了常轨",不是与他人对比,而是与生活对比;他并没有偏离到不同的地步。"通过非正常,一个人把自己与人类和生活的每一个组成部分分离开来了。而正是非正常,向我们展示了,同时,因为以一种特别极端惊人的方式,又完好地隐藏了,一种完全'奇异'(singulière)的生存形式的意义。这种状况解释了为什么'生病'并不能完全穷尽精神错乱这种现象。当'不同'这个词在表示性质时,我们获得了一个角度,让它进入了我们注意的范围,并且,面对从这一角度进行的精神病理学思考,它直接地保持着开放。"[84,77]根据闵科夫斯基的说法,精神错乱或者精神上的非正常展现了自己的特征。他相信这些特征并不局限在疾病的概念中。首先,在非正常中,负面的东西占据了首位;当善浸染着生命的活力,并且在"为了扩展与这一即将成型的标准有关的每一个概念化的定则而持续的进步中"[84,78]找到了自身的意义时,恶就远离了生命。在身体领域,情况难道不是一样吗?难道不正是因为存在着疾病,人们才讨论健康吗?然而,根据闵科夫斯基的说法,精神疾病是一个比疾病更直接的生命范畴:身体的疾病能够引发高级的经验的精确性,和更好的明确的标准化;身体的疾病并没有破坏同类生物间的和谐,病人在我们面前是什么样,在他自己面前也是什么样,然而,精神上的非正常,对其自身的状态,毫无意识。"个体在精神异常范围内的统治地位,远甚于他在身体领域的统治地位。"[84,79]

在后一点上,我们并不赞同闵科夫斯基的观点。和勒利希一样,我们认为,健康就是生命处在器官的沉默中,而且,最终,在生物学上正常的,正如我们已经说过的那样,只有通过对标准的违反才能够显示出来,而且,这种关于生命的具体的,或者说科学的意识,只有通过疾病才能够存在。我们同意西格里斯特所说的"疾病造成分隔"[107,86],而且,即便是"这种分隔并没有造成人们的疏远,而是相反,让人们更加接近病人"[107,95],没有一个敏感的病人不会注意健康人为了接近他而强行实施的放弃和限制行为。我们同意戈尔德斯坦的说法,病理学中的标准首先是一种个体标准[46,272]。总之,我们认为,像闵科夫斯基(他对柏格森哲学的同情,表现在《精神分裂》[*La schizophrénie*]或《过去的时间》[*Le temps vécu*]等著作中)那样,把生命看作是一种超验的动力,就是迫使自己把身体的非正常和精神的非正常同样对待。作为闵科夫斯基的赞同者,艾(Ey)写道:"正常不是一种和社会概念发生联系的方式,它不是对现实的一种判断,而是一种价值判断,是一个有限的观念,定义了一个人的心理能力的最大值。正常没有上限。"[84, *93*]在我们看来,完全可以用"身体的"(physique)来替换"心理的"(psychique),以便能够纠正生理学和机体疾病医学,在不怎么关心其准确意义的情况下,每天所使用的那个关于正常的概念。

然而,这种漫不经心也有其合理的理由,尤其是对实践的医师来说。那就是,最终,是病人们自己最频繁地判断着,而且是从非常不同的观点来判断,他们是否再也不正常了,或者他们是否已经回到了正常。如果一个人的未来几乎总被认为是从过去的经验开始的,那么,对他来说,再次变得正常,就意味着采取一种非连续性的行动,或者至少,根据个体趣味或者环境的社会价值,而采取一种被认为是对等的行动。即便这种行动被减少了,即便可能的行动不及以前多样化和灵活,个体也并不总会细致地考虑它。从病人**几乎陷入**的那个虚弱的或者苦难的深渊中,实质的东西出现了;这个实质的东西,就是**徒劳地逃离**。比如,近期检查的一个年轻人,跌落在了来回运动着的锯子上,在其手臂往上四分之三处被横切了一道口,但其内部的血管神经束并未受到伤害。一台及时而谨慎的手术可以让手臂得救。其手臂表现出了全部肌肉的萎缩,包括前臂。整个手臂都是冰凉的,手掌发紫。在电子检查中,整个伸肌群表现出了一种纯粹退化的反应。前臂的弯曲、伸张和反掌运动都受到了限制(弯曲仅限于45°内,伸张仅限于170°左右),而内转差不多是正常的。伤者很高兴地知道恢复他手臂的大部分功能是可能的。诚然,与另一只手臂相比,那只受伤的、并经过受伤恢复的手臂,从营养和功能的角度来看,是不正常的。然而,**大体上说**(*en gros*),这个人还是会继续这项他已经选择的或者环境委派给他的职业,如果不是被逼的话。在任何情况下,他都有生存的理由,哪怕是很庸俗的理由。从现在起,即便这个人得到了相应的技术成果,能够采用不同的方式来做出复杂的手势,根据以前的标准,他仍然会得到社会的赏识,他仍然还是一个修车匠或者司机,但不是从前的修车匠或者司机。伤者没有看到这样一个事实,即因为他的受伤,他从此会缺少一系列神经肌肉的适应和即兴动作,即失去他或许从未(这完全是因为缺少机会)用来提高他的效率或者超越自己的那种能力。伤者认为,他没有任何**明显的**残疾。这种**伤残**观,必须从医学专家的角度得到研究,而且这位专家不能仅仅在机体中看到一架其效率要通过数字化来计算的机器,他还应该是合格的心理学家,会从恶化而不是从百分比的角度来看待损伤。[1] 然而,一般来说,这样的专家从事心理学研究,仅仅是为了追踪病人展示给他们的请愿精神病(psychoses de revendication),并为了讨论暗示病(pithiatisme)。尽管如此,从业的医师们常常很高兴地同意他们的病人根据自己个体的标准来对正常和非正常进行定义,当然,除非病人自己对动植物细微的生理解剖状况产生了严重的误认。我们记得曾在一次手术中见过一个内心纯朴的农场工人。他的两条胫骨都被车轮压断了。而他的雇主没有送他去治疗,因为雇主怕别人知道自己要担负一定的责任。他的胫骨以一个钝角相交。在受到邻居

---

[1] * 从 Laet 与 Lobet 的《专业动作的价值研究》(*Etude de la valeur des gestes professionnels*, Bruxelles, 1949)和 A. Geerts 的《身体损伤在年龄增长中得到的弥补》(*L'indemnisation des lésions corporelles à travers les âges*, Paris, 1962)以来,这些问题都得到了研究。

谴责后,此人被送往医院。他的胫骨必须被重新切断并复位。很明显,做出这一决定的科室主任头脑中人腿的图像,与这个可怜人和他的雇主头脑中的图像不一样。同样清楚的是,他所采用的标准,将不会令让·布安(Jean Bouin)和谢尔盖·里法尔(Serge Lifar)感到满意。

雅斯贝尔斯清楚地看到了,这一次,在医学上确定正常和健康,存在着困难:"对'健康和疾病'这两个词的意义,考察得最少的,恰恰是医生。他是从科学的角度来考虑生命现象的。是患者的意见和周围环境中的主流观点,而不是医生的判断,决定了什么叫'疾病'。"[59,5]在今天和过去赋予疾病这一概念的不同意义中,我们发现,其中的共同点在于,它们构成了一种对潜在价值的判断。"疾病是表示无价值的一般性概念,包含了所有可能的负面价值。"[59,9]生病,就是变得有危害,或者不被欢迎,或者社会价值降低等。反过来,从生理学的角度来看,人们希望从健康中得到什么,是很明显的,而且,这赋予了身体疾病这一概念一种相对稳定的意义。受欢迎的价值是"寿命、长寿、进行繁衍和体力劳动的能力、力量、抗疲劳、没有伤痛、在对存在的愉快的感觉之外对身体的注意越少越好的那种状态"[59,6]。然而,医学的构成,并不在于思考这些通俗的概念,以便得到一个有关疾病的一般性概念。它真正的任务在于,确定哪些现象是生命攸关的(人们因此可以说自己病了)、它们的起源、它们的演化规律、对它们进行修正的行动等。关于价值的一般性概念,在有关存在的各种各样的概念中被具体化了。然而,尽管在这些经验主义的概念中,全部的价值判断都明显消失了,医师还是坚持谈论疾病,因为医学活动,通过临床问询和治疗,与病人及其价值判断发生了关联[59,6]。

我们完全可以理解,医师们对一个在他们面前显得很粗糙和玄妙的概念毫无兴趣。他们感兴趣的是诊断和治疗。原则上,治疗意味着把某种功能或者器官恢复到它们所偏离的标准上。医师们通常从他们的生理学(被称为研究正常人的科学)知识中,从他们有关机体功能的实际经验中,从对特定时期社会环境中的标准进行的共同表述中,来获取他们的标准。在这三项权威中,生理学将他带得最远。现代生理学,呈现为与荷尔蒙调节和神经功能调节有关的功能常数的经典汇集。这些常数被称为正常,因为它们确定了一般性的特征,其中大部分通常都可以观察到。然而,它们被称为正常,还因为它们完美地进入了被称为治疗的那个标准化的活动。生理学常数,因此在统计学意义上意味着正常。这是一个描述性的意义,而从治疗学的意义上讲,是一个标准化的意义。然而,关键在于要搞清楚,是否是医学将这个描述性的和纯理论性的概念,转化(如何转化?)成了生物学的理想,或者,医学,在从生理学那里接受了事实这一概念和常规的功能常数后,是否也不会接受(或许在生理学家不知道的情况下)标准意义上的标准概念。而且,关键在于要搞清楚,医学在这一过程中,是否不会从生理学那里要回它曾经给予的东西。这个难题,正是现在要研究的。

II. 对几个概念的批判性考察:正常、非正常和疾病;正常的与实验的

利特雷和罗宾的《医学辞典》(*Dictionnaire de médecine*)对正常的定义是这样的:正常(normalis,源自 norma,尺子):与规则相符

合,常规的。在医学辞典中,这一词条的简介,因为我们已有的观察,并不会让我们感到惊讶。拉朗德(Lalande)的《哲学的批判性和技术性词汇》(*Vocabulaire technique et critique de la philosophie*)则更明确些:正常,从词源学上说,因为有正常设计的尺规,既不会偏左,也不会偏右,因而,一切都处在最恰当的位置。由此引申出了两方面的意义:正常,即事物就是本该如此那样;正常,按这个词最通常的意义来说,就是某一个确定的种类,在绝大多数的场合里都出现的样子,**或者**,平均的东西(la moyenne),或者某种可测量的特征的模板(le module)。在对这些含义的讨论中,人们指出了这个术语的意义有多么含混模糊,它既指某种事实,又指"人们通过个人讲述,通过对自己所负责的事情进行价值判断,而赋予这一事实的价值"。我们必须强调,这种含混性被现实主义哲学传统深化了。这种传统认为,每一种普遍性都是本质的标志,每一种完善都是本质的实现,因此,一种可以观察到的普遍性,事实上就带有被实现了的完善的价值,而一种普遍特征,就带有典范的价值。最终,我们应该强调在医学中的一种相似的含混。在其中,正常状态,不仅指器官的习惯性状态,还指其理想状态,因为重建这种习惯性的状态,是治疗的常规目标[67]。

对我们来说,似乎后面这一说明并没有得到应有的拓展,而且,在所引的词条中,在涉及**正常**这个术语的意义的含混性时,尤其没能得到充分的展开。在这种含混性中,人们只是高兴地指出了它的存在,而不是看到了其中需要解决的问题。确实,在医学中,人体的正常状态就是人们想要重建的状态。然而,是因为治疗把它当作一个需要实现的目标,它就被称为正常,还是因为利益相关方,即病人,认为它是正常,所以治疗就以它为目标?我们认为第二点是对的。我们认为，医学是作为生命之术而存在的，因为活着的人认定自己是病态的，由此根据生命的动态极性（polarité dynamique），需要避免或者改正某些可怕的、以负面价值的形式存在的状态或者行为。我们认为，在这一过程中，活着的人，以一种比较清楚的方式，延长了生命特有的本能性努力，以便清除那些阻碍自己被作为标准的存在和发展的东西。《哲学词汇》似乎认定，这一价值，只有通过"一个会说话的"，很明显，也就是一个人，才能够被赋予某种生物现象。相反，我们认为，这一事实，对于一个以疾病的方式对损伤、感染、功能紊乱做出反应的活人来说，又反映出这样一个基本事实，即生命对于使其成为可能的环境并不是无动于衷的，而且，生命被极性化了（polarité），并且是通过价值上无意识的位置被极化的；总之，事实上，生命是一种标准化的（normative）活动。**标准化的**，我们从哲学上来看，意味着每一个判断都以某一种标准来评估或者描述某种事实，但这种模式的判断，在本质上从属于建立标准的那种判断。标准化的，从这个词最充分的意义上来说，就是指建立标准的东西。而且，我们正打算在这个意义上，来谈论生物学的标准化（normativité）。我们认为，在陷入拟人化的趋势这个问题上，我们和其他人一样小心翼翼。我们并不把某项关于人的内容，归因于生命的标准，但我们确实要追问，对人类意识来说最根本的标准化，应该怎样被解释，如果它并没有以某种方式存在于生命的胚胎中的话。我们要追问自己，如果生命对威胁自身的无数危险的反抗，不再是一种永久而核心的重要需求，人类对治疗的需求，是怎样促成了某种对疾病的环境越来越有洞察力的医学的诞生。从社会学的角度来看，可以说，治疗学首先是一种宗教的、魔幻的活动，然而，这并不会否认这一事实,即对治疗的需求是一种重要需求,甚至在低等的生物体中(就脊椎动物而言)也会根据享乐主义的价值而产生一些反应:自我治愈或者自我恢复的行为。

生命的动态极性以及它所体现出来的标准化,解释了比沙充分了解其重要意义的一个认识论现象。生物病理学是存在的,但并没有物理的、化学的或者机械的病理学:"在生命现象中,有两种东西:健康状况、疾病状况,以及由二者引发的两种不同的科学:生理学,考虑的是第一种状态中的现象;病理学,考虑的是第二种状态中的现象。由此,生命力量有其自然形式的现象史,将我们引向了生命的力量被改变了的现象史。现在,在关于身体的学科中,只有第一种历史,永远没有第二种。生理学对生命体的运动的意义,就像天文学、力学、水力学、流体静力学等对无生命的物体的意义一样。然而,就与生命体对应的还有病理学这一状况来说,却根本不存在与无生命的物体相对应的同类科学。同样,治疗的观念,对身体科学来说是难以接受的。任何一种治疗的目的,都在于把某些属性恢复到其自然形态:既然身体属性从未失去这一形态,它们就不需要被恢复。在身体科学中,并不存在与生理学中的治疗学相对应的科学。"[13,I,20-21]从这段文字可以清楚地看出,自然形态必须被理解为正常形态。对比沙来说,自然并非决定论的结果,而是目的论的终结。我们很清楚地知道人们从机械主义或唯物主义生物学的角度对这样的文本所能够提出的所有指责。人们或许会说,很久以前,亚里士多德信任病理学的机械论,因为他承认两种不同的运动:自然运动,通过它,身体可以重新获得自己保持静止的合适位置,就像石头落地或者火苗升上天空一样;受迫运动,通过它,身体被推离了合适的位置，就像石头在空气中被抛掷一样。人们会说，伽利略和笛卡儿所带来的物理知识的进步，在于把所有的运动都看作是自然的，也就是，符合自然规律的，同样，生物学知识的进步，在于把自然生命和病态生命的规律统一起来。孔德梦想的，和克劳德·贝尔纳引以为傲的，正是这种统一，正如以上所表明的那样。我们相信应该指出那时的保守性，在此之外，我们还要补充以上的说法。在惯性原理的基础上建立运动科学的过程中，现代力学事实上让自然运动和受迫运动之间的区分显得荒谬，因为惯性与运动的方向和变化显然无关。生命对于成就了自己的环境，却远不是这样无关紧要。生命是有极性的。最简单的具有营养、消化和排泄功能的生物机器都会表现出某种极性。当消化后的废物不再被生物体所排泄，充满并毒化了内部环境时，这事实上是遵从了（物理的、化学的等）规律，而完全不是遵从标准。这标准，就是机体自身的活动。这是我们在谈到生物的标准化时想要指出的简单事实。

有些思想家对目的论怀有恐惧。这导致他们甚至会拒绝达尔文的环境选择和生存竞争观念，因为选择（很明显，属于人类和技术）和优胜的观念最终解释了自然选择的原理。他们指出，大多数生物，在它们能够表现出哪怕对自己有利的不平等之前，自己就已经被环境扼杀了，因为幼芽、坏胎或者幼小生命尤其容易死亡。但是正如乔治·特伊西尔（Georges Teissier）所观察到的，很多生物在有利于自己的不平等出现之前就死亡了，这一事实并不意味着不平等的出现在生物学上并不重要[111]。这正是我们要求承认的事实。在生物学上，没有什么东西是不重要的。最终，我们才可以讨论生物学标准。既有健康的、生物学的标准，也有病态的标准,后者与前者在本质上是不一样的。

我们提到自然选择理论,并非无心。我们想让人们注意到一个事实,即**自然选择**这个词所表达的意义,和**自然治愈力**(vis medicatrix naturae)这一古老的术语所表达的,具有相同的真实性。选择和医学都是人们有意地、多少有些理性地采取的生物技术。当我们提到自然选择或自然治疗活动时,如果设想前人类的(préhumaine)生命活动,正追求着各种目标,并使用与人类相匹敌的方式,我们就成了柏格森(Bergson)所说的追溯幻象的受害者。然而,认为自然选择将会使用**血统**、**自愈**、火罐等类似的东西是一回事,而认为人类的技术延长了生命冲动,并在其帮助下获取系统性的知识,使其承担了很多生命的高成本的实验和代价,又是另一回事。

"自然选择"和"自然治愈活动"这两种表达有一个缺点,因为它们似乎把生命的技术置于人类技术的框架之下,然而,反过来才是正确的。所有的人类技术,包括关于生命的技术,都存在于生命之中,也就是,在信息活动和物质同化中。并不是因为人类的技术是标准化的,人们才通过比较,对生命的技术做出了那样的判断。因为生命是信息和同化活动,它是一切技术活动的基础。总之,我们谈论自愈的时候,采用了一种回溯性的,而且,在某种意义上,错误的方式,然而,即便我们假定我们无权谈论它,我们仍然可以认为,如果它的生命——就像其他任何生命一样——与其所遭遇的环境无关,如果生命不是一种对自身的生存环境的变化进行分化活动的形式,那么,没有任何生命体,能够发展出治疗技术来。居耶诺(Guyénot)非常清楚地看到了这一点:"事实上,机体具有一系列仅仅属于自身的属性。因为有它们,它才抵制了许多的破坏力。没有这些防御性的反应,生命很快就消失了……生物个体同样能够马上发现,这种反应与它或它的同类从未接触过的物质相比更有用处。机体是一个无可比拟的化学家,它是最初的医生。环境的波动几乎总是引起对生存的威胁。如果没有某些重要的属性,生物是无法幸存的。每一种伤害都将会是致命的,如果组织不能够结痂,血液不能够凝结。"[52, *186*]

总之,我们认为,非常有启发意义的是,考虑"正常"在医学中所假定的意义,以及这样一个事实,即拉朗德所指出的这个概念的含混性,由此被澄清了,这对有关正常的问题来说,具有广泛的重要意义。是生命本身,而不是医学判断,使生物学上的正常成了一个价值概念,而不是一个对现实的统计的概念。对医师来说,生命不是一个对象,而是一种极化的活动。其本能的防御努力和对负面价值的抵抗,由医学通过引入相关的、不可或缺的人类科学之光,而得到了扩展。

* * *

拉朗德的《哲学词汇》中,有一个对"**异常**"(anomalie)和"**非正常**"(anormal)这两个术语的重要评论。"异常"是一个名词,迄今没有对应的形容词;另一方面,"非正常"是一个形容词,而没有名词,因而,在用法上两者成了一对,"非正常"成了"异常"的形容词。确实,"anomal"这个词,伊西多·乔弗瓦·圣-伊莱尔在1836年的《组织异常史》(*Histoire des anomalies de l'organisation*)中就使用了,而且,也出现在了利特雷和罗宾的《医学辞典》中,而现在已经被弃置不用了。拉朗德的《词汇》表明,词源学性质上的这种含混,让"异常"和"非正常"这两个词靠得更近了。"异常",源于希腊语词"anomalia",意思是不平、险峻;"omalos"在希腊语中指平坦、平均、光滑,因而,"异常",即词源学上的"an-omalos",在谈论地势时,就有了不平坦、粗糙、不规则之意。[1] 关于"异常"一词的词源,人们常常会犯这样一个错误,就是不追溯到"omalos",而是追溯到"nomos"(意指是法律),因而,就有了"a-nomos"。这种词源学错误正好出现在利特雷和罗宾的《医学辞典》中。希腊语词"nomos"和拉丁语词"norma"具有非常相近的意义,法律和规则变得混淆了。因而,从严格的语义学意义上来看,"异常"指向事实,是一个描述性的词语,而"非正常"意味着对某种价值的参照,因而,是一个评估性的、标准性的术语;然而,良好的语法手段的变换,造成了"异常"和"非正常"意义的混淆。"非正常"变成了一个描述性的概念,而"异常",成了一个标准性的概念。乔弗瓦·圣-伊莱尔让他之后的利特雷和罗宾重复了这一词源学错误。他试图保持"异常"一词的纯描述性和理论性意义。"异常"是一种生物学现象,应该得到治疗,因而,应该被自然科学解释,而不是进行价值评估:"'**异常**'一词,和'**不规则**'(irrégularité)一词略有不同,不应该从其词源学构成来推测其字面意义。那种不从属于某种法则的生物形式,是不存在的;而'**紊乱**'(désordre)一词,其本来意义,是不能够用在任何自然的产物上的。'异常'是最近才引入到解剖学语言中的一种表达。其使用并不频繁。另一方面,动物学家(此词从他们那里借来)则经常使用它;他们把

---

[1] A. Juret 在他的《希腊与拉丁词源词典》(*Dictionnaire étymologique grec et latin*, 1942)中指出了"anomalie"这个词的词源。

它用在了很多动物身上。因为其不寻常的组织和特征,这些动物在整个系列中被孤立了,与同种属的其他动物只有很远的亲缘关系。"[43,I,96,37]然而,据乔弗瓦·圣-伊莱尔说,就这些动物而言,谈论本性的特殊,或者紊乱或不规则性,都是不对的。如果有例外,也是根据自然主义者的法则,而不是自然的法则,因为在**自然中,所有的物种都是它们本来应该的样子**,在同一性中呈现着变化,在变化中呈现着同一性[43,I,37]。在解剖学中,"异常"这一术语必须严格地保持其"**非寻常**""**非惯常**"的意义,变成"a-nomalous",用其组织的术语来说,就是让自己与整个生物组织中的绝大多数(在这个组织中,它不得不被比较着)隔离开来[同上]。

在从形态学的角度定义了"异常"的普遍意义后,乔弗瓦·圣-伊莱尔直接把它与两个生物学现象联系了起来,**特定类型**(le type spécifique)与**个体变异**(la variation individuelle)。一方面,所有的生物种类,在器官的形式以及比例中,呈现出了大量可供考察的变异;另一方面,又存在着"构成某个种群的大多数的个体共有的"特征的混合。这种混合定义了这种具体类型。"特定类型的每一种变异,或者,换句话说,在与同种类、年龄和性别中的大多数个体比较时,由一个个体带来的每一种机体的特殊性,构成了所谓的异常。"[43,I,30]很明显,如此定义后,异常,一般来说,是一个纯经验主义的或者描述性的概念,一种统计学意义上的变异。

随之立刻出现的问题是,异常和畸形这两个概念是否应该被认为是等同的。乔弗瓦·圣-伊莱尔支持进行区分:畸形属于异常的一种类型。异常由此被分为**变异**、**结构缺陷**、**异位**和**畸形**。**变异**很简单,就是对功能的运作不产生障碍,而且不带来残障的轻微异常,比如多余的肌肉、双肾动脉。**结构缺陷**是简单的异常,就解剖学关系来说比较轻微,然而,它使得某一项或者多项功能的运作不能实现,或者造成了残疾,比如有缺陷的肛门、尿道下裂、兔唇。**异位**是乔弗瓦·圣-伊莱尔创造的一个词,是复杂的异常,就解剖学关系来说表现得很严重,然而,它们并不阻碍任何功能,而且,从外部看并不明显;最值得注意的,然而很稀少的例子,据乔弗瓦·圣-伊莱尔说,是**内脏异位**。我们知道,尽管很稀少,处于右边的心脏并非传说。最后,**畸形**是非常复杂的异常,非常严重,让一项或多项功能的运作变得不可能或者困难,或者在一个受影响的个体内部,产生一种结构上的缺陷,在其种属的其他个体身上通常难以找到;比如,四肢不全或者独眼[43,I,33,39-49]。

这种区分的好处在于,它使用了区分和等级这两种不同的原则:异常的状况,是根据其不断增加的复杂性和严重性来安排的。从简单到复杂的关系,是纯客观的。不用说,颈肋是比四肢不全和雌雄同体更简单的异常。从轻微到严重的关系,有一种不那么明显的逻辑特征。毫无疑问,异常的严重程度是一个解剖学事实;异常的严重程度的标准,在于就器官的生理学和解剖学关系来说的**重要性**[43,I,49]。对自然主义者来说,重要性是一个客观的观点,然而,它在本质上是一个主观的观点,因为它包含了对一个生物的生命的参照,这种参照被认为能够根据有利于这个生命或有碍于它的东西来修饰这个生命本身。这是如此地正确,以至乔弗瓦·圣-伊莱尔又在他先前的两种分类(复杂性、严重性)之上,补充了第三个原则(生理学的),也就是解剖学和功能运作(障碍)之间的关系,以及第四个明显属于心理学的,即引入了对功能运作的**有害的**或者**有损害的**影响的观念[43,I,38,39,41,49]。如果人们试图把最后一项原则仅仅归入一个次要的角色,我们的回答就是,就**异位**来说,相反,它强调了自身的精确意义和重要的生物学价值。乔弗瓦·圣-伊莱尔创造了这个术语,用来指内部组织的改变,也就是,内脏的关系的改变,而没有功能和外部面貌的改变。直到那时,这种病例都很少得到研究,并在解剖学语言中造成了一种空白。这并不让人惊奇,尽管我们很难想象,一种既不会对功能带来任何阻碍,也不会造成任何畸形的复杂的异常有多大可能。"一个受异位影响的个体,能够享受非常坚固的健康状态;他能够活很长时间;而且,通常是在他死后,异常才会被注意到,而他自己对此也一无所知。"[43,I,45,46]这足以说明,这种异常没有被注意到,因为在生命价值的范围内,它没有任何的表现。因此,就是科学家也会承认,异常不会被科学发现,除非它首先在意识中,以阻碍某种功能的运作、不舒服或危害的形式,而被意识到。然而,对障碍、不舒服和危害的感知,是一种可以被称为标准化的感知,因为它甚至涉及了无意识地参照某种功能,或者某种完成其运作的冲动。最后,为了能够用科学的语言来谈论异常,一个人必须对自己或他人而言,在甚至还未成形的生物语言中,显得非正常。由于异常,在人类的案例中,并没有被个体有意识地感觉到的功能反应,或者在其他的生物体中,没有被归于生命的动态极性(la polarité dynamique),异常要么被忽视(在内脏异位的案例中),或者造成了一种无关紧要的**变异**,在某一具体主题上的变异;这种非常规性,就像在相同的模子中铸造出来的物体上发现的可忽略的非常规性一样。它可以构成自然史特殊一章的对象,但不是病理学的对象。

如果，相反，我们假定异常史和畸形学是生物科学中必要的一章，表现了这些科学——因为不存在化学异常和物理异常的特殊科学——的原创性，那是因为有一种新观点可以出现在生物学中，并在其中开创新的领域。这一观点就是关于生命的**标准化**的。甚至对变形虫来说，活着意味着偏好与排斥。一条消化道、一只性器官，构成了一个机体的表现的标准。精神分析的语言把那些自然的吸入和排出孔道称为一些"极"（pôles），实在是太对了。一种功能不会在几个方向上毫无差别地起作用。一种需求，总会把计划中的满足对象，定位于一种驱动和一种排斥之间。有一种生命的动态极性存在着。由于特定类型的形态学变异或功能变异，并没有阻碍或者颠覆这种极性，异常是一种可以忍受的事实；在相反的案例中，异常在感觉中具有负面的生命价值，而且，在外部的表现上也是如此。因为有一些异常被当作机体的疾病而让人感知到或者暴露出来，因而，在它们之中，首先有一些感情的，然后有一些理论的重要性。正因为异常变成了病态，它才激发了科学研究。科学家，从其客观立场出发，只想在异常中看到一种简单的统计学意义上的偏离，而没有认识到这种对标准的偏离激发了生物学家的科学兴趣。总之，并非所有的异常都是病态的，而只有病态的异常的存在，促进了有关异常的特定科学的发展。而因为它是科学，这种科学一般来说倾向于消除异常的定义中任何标准化的意义。人们在谈论异常时所想到的，并非那些作为简单变异的统计学上的偏离，而是有害的畸形或者无法与生命共存的东西，涉及的是作为某种生命标准类型而非统计学事实的生命形式或者行为。

*　*　*

一种异常,是一种个体变异的现象,阻止了两个个体完全取代对方的可能。在生物秩序中,它证实了不可察觉物的莱布尼茨规律。然而,多样性并非疾病;**异常的**并非病态。病态意味着**痛苦**(pathos),一种苦难和无能的直接而具体的感情,一种生命出了问题的感觉。然而,病态确实是非正常的。哈宝(Rabaud)区分了非正常和疾病,因为,根据最近的错误用法,他把非正常(anormal)作为异常(anomalie)的形容词,而在此意义上谈到了非正常的病人[97,481];然而,由于他在其他方面,通过适应和生存力的标准,非常清楚地区分了疾病和异常[97,477],我们看不到任何理由来修正我们在词语和意义上所做的区分。

毫无疑问,有一种方式,可以把病态看作是正常的。这就是通过有关的统计学意义上的频率来定义正常和非正常。在某种意义上,我们可以说,持续完美的健康是非正常。然而,这是因为"健康"这个词有两重意义。健康,从绝对意义上说,是一个标准化的概念,定义了机体结构和行为的理想形态;在这个意义上,它是在谈论良好的健康状态时的一个重复,因为健康就是机体状况良好。合格的健康是一个描述性的概念,定义了单个机体在可能的疾病面前的特殊倾向和反应。这两个概念,合格的描述性的与绝对标准化的,是如此的完全不同,以至人们会说他们的邻居拥有糟糕的健康,或者不是健康的,把一种事实的显现,看作是一种价值的缺席。当我们说持续完美的健康是非正常时,我们所表达的,是生命个体的经验事实上包含着疾病这一事实。非正常,其准确意思是不存在、看不到。因而,这等于从另一个角度说,持续的健康是一种标准,而标准的东西是不存在的。在这一滥用的意义上,很明显,病态不是非正常的。这在非常有限的意义上是正确的,因为我们会谈到有机体防御和对抗疾病的正常功能。正如我们已经看到的那样,勒利希宣称,疼痛并不在自然的计划中,然而,我们可以说疾病被机体预见到了(桑德拉伊[Sendrail],106)。考虑到抗体是针对病态感染的防御性反应,朱勒·博尔德(Jules Bordet)认为,人们可以说存在着正常的抗体。它在正常的血清中,对细菌和抗原有选择地发生作用。而它们的多种特性,通过消除与它们不相容的东西,有助于确切地认识机体化学特征的持续性[15,6.16-14]。然而,尽管疾病或许可以像预测那样表现出来,而真正的情况是,它是一种状态,为了能够继续生存,就必须与它斗争,也就是说,就生命的延续(在这里,是作为一种标准)来说,它是一种非正常的状态。因此,一旦在本真的意义上使用"正常"这个词,我们就必须在疾病(malade)、病态(pathologique)和非正常(anormal)这几个概念之间打一个等号。

避免混淆非正常和疾病的另一个理由是,人们的注意力,对同一种类彼此之间的差异并不敏感。一种异常,在空间的多样性中呈现自己,而疾病,在时间的承先启后中呈现。疾病的一个特征是,它打断了某项进程;确切地说是变成危急的。即便是疾病变成慢性的,在危急过了之后,仍然存在着一个病人和他周边的人会怀念的过去。因此,我们生病,不仅与他人有关,还与我们的过去有关。肺炎、动脉炎、坐骨神经痛、失语症、肾炎等的情况都是如此。异常的一个特征则是,它是根本性的、先天的,即便是它的出现因为出生而被推迟了,并且与某项功能的运作同时进行——比如,胯骨先天性脱臼。具有异常的人因而不能够与自己相比较。在这里,我们可以说,从畸形产生的角度来解释畸形特征,或者更准确地说,它们的畸形发生学解释,允许把畸形的出现置于胚胎发育阶段,并且使其具有疾病的意义。一旦异常的病原学和病理学广为周知,异常就变成了病态。实验畸胎发生学证明了这里的一些有用的洞见[120]。然而,如果异常向疾病的这种转换,在胚胎学中是有意义的,它对于那些在周边环境、蛋壳或子宫外的行为,一开始就被其结构性特征所确定了的生物来说,是毫无意义的。

当一种异常,根据其个体的活动,以及由此,根据由其价值和命运而发展出来的表现相关的效果来解释时,这种异常就成了**缺陷**(infirmité)。缺陷是一个通俗而有启发意义的观念。一个人出生,或者一个人变得有缺陷。变成这样,被作为一种不可治愈的障碍来解释,也反映了以这种方式出生的事实。确实,对一个有缺陷的人来说,也会有可能的活动和荣耀的社会地位。然而,一个人被迫受限于一个独有的、不变的环境中,会被人们以正常人这一理想来予以贬损。这种理想是针对每一种可以想象的环境的潜在而精心的适应。在与健康相符的价值的底部,是对健康的可能的透支,就像瓦莱里(Valéry)所说的那样,在爱的力量的底部,是对力量的透支。正常人是标准化的人,能够建立一套新的标准,甚至有机界的标准。一条独有的生命标准,会被私下感觉到,不会被实证。一个不能跑的人感觉到受了伤,也就是,他把伤病转换成了一种焦虑,而且,尽管周边的人都避免把他无力的形象提供给他,就像一个敏感的孩子,在身边有一个跛足的孩子时,会避免奔跑一样,有缺陷的人通过他的同伴所禁止和避免的东西而敏感地发现,他们之间的每一种差别,都明显被消除了。

缺陷的情况,也符合某些**脆弱**(fragilité)和**虚弱**(débilité)的情况,与生理秩序的某种偏差有关。在**血友病**中就是这样。它与其说是一种疾病,不如说是一种异常。所有血友病人的功能,运转得如同健康的个体一样。然而,出血是无限期的,好像血液对血管内外的状况很不在意一样。总之,血友病者的生命是会很正常的,如果动物的生命不包括与环境发生正常的关系的话。在动物们试图弥补它们与不活跃的生命、植物的生命分离后产生的猎食方面的劣势时,这些关系中的风险,会以伤病的形式被它们遇到。这种分离,从别的方面来说,特别是就意识的发展来说,构成了真正的进步。血友病是一种异常,带有一种可能的病态特征,因为一种重要的生命功能在这里遇到了障碍,即内在环境和外在环境的完全分离。

总之,异常可能逐渐变成疾病,但其本身并不构成疾病。我们很容易确定,一种异常在哪一刻变成疾病。第五根腰椎骶化,是否应该被认为是一种病态现象?这种畸形当然有不同的程度。第五根腰椎可以被称为骶化,如果它与骶骨长在了一起的话。此外,在这种情况中,它基本上不会造成疼痛。横向骨突的简单的肥大,它与骶骨节或多或少的实际的联系,通常被认为是某些假想的疾病的原因。总之,这里所涉及的,是某种结构组织上的先天异常,在后来才会疼痛,也许永远不会疼痛[101]。

* * *

区分异常——不管是形态学的,如颈肋或者第五腰椎的骶化,还是功能性的,如血友病、昼盲症或者戊糖尿症——和病态的问题,是一个非常模糊的问题,然而,在生物学的观点看来,它是非常重要的,因为最终,它至少把我们引向了机体的可变性这种普遍性的问题,以及这种可变性的意义和范围的问题。在生物从特定类型偏离的范围内,它们是因为把这种特定类型置于危险之中,还是因为是新形式的发明者,而成为非正常?是固定论者还是进化论者,决定了一个人以不同的眼光,来看待一种带有新特征的生命。希望大家会理解,我们在这里不打算(哪怕是间接地)处理这样的问题,但我们也不能够假装对它视而不见。当一只有翅膀的果蝇,经过突变,生出一些没有翅膀或者只有残翅的果蝇时,我们所面对的,是否是一个病态现象?卡勒里(Caullery)等生物学家并不承认,突变不足以让我们理解适应和进化现象,而邦诺(Bounoure)等生物学家,甚至质疑过进化现象,并坚持认定大多数突变的亚病态,或者直白地说,病态的,甚至致命的特征。如果他们不是邦诺这样的固定论者[16],他们至少会同意卡勒里的观点,即突变并没有超越物种结构,因为尽管有很多形态学上的差异,在模范个体和突变个体之间发生杂交繁育的可能性是存在的[24, *414*]。似乎同样无可争议的是,突变可能是新物种的起源。这一事实达尔文早已非常清楚,但更让他震惊的,却是个体的可变性。居耶诺认为,这是目前唯一了解的遗传变异的模式,是进化唯一的解释,片面但无可置疑[51]。特伊西尔和菲利普·莱里蒂埃(Philippe L'Héritier)根据实验证明,某些突变,在物种平常适当的环境中似乎是劣势,然而,如果环境改变,也可能变成优势。在一个自由而封闭的环境中,拥有残翅的果蝇被拥有正常翅膀的果蝇全部清除了。然而,在一个开放的环境中,拥有残翅的果蝇并不飞动,长期停留在食物上,而到了第三代,我们发现,在混合的果蝇群中有60%的残翅果蝇[77]。这在封闭的环境中从未发生过。让我们不要再谈论正常环境了，因为最终，据乔弗瓦·圣-伊莱尔所说，那些符合种群的情况，也同样符合环境：它们都像它们本来应该如此的那样，作为自然法则的一种功能而存在，而它们的稳定性得不到保证。在海边，一个空气流通的开放场所，是一个无可指摘的事实，然而，这对于没有翅膀的昆虫而不是有翅膀的昆虫来说，才是正常的环境，因为那些并不飞动的昆虫被消灭的机会可能更少。达尔文注意到了这一令人发笑的事实。上述的实验确认和解释了它。一种环境是正常的，因为一种生物在其中生活得更好，并更好地保存了自己的标准。一种环境可以被称为正常，是因为生物正好利用它发挥自身优势。它是正常的，只就形态学标准和功能性标准而言。

特伊西尔报告的另一种事实，很好地说明了通过生命形式的变化，生命获得了——可能无需寻找——某种保障来对抗过度的、没有任何可逆性，因而没有任何灵活性的特殊化（spécialisation）。这在本质上是一种成功的适应。在德国和英国的某些工业区，人们观察到了灰蝴蝶的逐渐消失以及同类黑蝴蝶的出现。然而人们曾认为，在这些蝴蝶中，黑色的出现，伴随着一种特殊的生命活力。在封闭的环境中，黑蝴蝶会消灭灰蝴蝶。为什么同样的情况不会发生在自然中？因为它们的颜色比树皮更显眼并能吸引鸟类的注意。而在工业区，鸟的数量减少了，蝴蝶们可以变黑而不遭厄运了[111]。总之，这种蝴蝶种类，以变化的方式，提供了两种相对的特征的混合，而且互相平衡：更多的活力被更少的安全性抵消了，而反过来也一样。在每一种变化中，障碍都被绕开了，用柏格森式的表达来说，就是一种虚弱无力被战胜了。由于环境允许这样一种某一变化优于另一变化的形态学解决方法，所以每一种变化的那些代表都在变化，最终，这种变化走向了一个物种。

突变论的出现，一开始是作为对进化现象的一种解释形式。遗传学家对它的采用，更加剧了它和人们在环境影响方面的考虑的对立。今天，新物种的出现，似乎被放到突变带来的变化和环境动荡的交互影响中考虑，而由突变论起死回生的达尔文主义，是进化现象最灵活、最全面的解释——无论如何都无可争议[56, 111]。物种，是个体的聚合。这些全部个体，在某种程度上有差别，而它们的统一性则表示对它们与环境——包括其他物种——的关系进行暂时的标准化，正如达尔文已经清楚地看到的那样。分开来看，生物与环境的关系并非正常，然而，正是它们的关系，成就了它们。只有环境允许某种假定的生物按其本来的方式繁殖，并随着环境发生变化，相应地产生本应有的各种变化形式，这种环境对此生物来说，才称得上正常。在以上所说的变化中，生命将能够在其中的一种形式里，找到它被残酷地要求去解决的适应问题的答案。在任何假定的环境中，只有当一种生物是生命所找到的形态学和功能性解决方案，用来作为对环境的要求的回应时，这种生物才能说是正常的。即便它相对稀少，这种生物，就它所偏离的其他形式来说，也是正常的，因为就其他形式来说，它是**标准化的**（normatif），即，它在消灭其他形式之前就降低了它们的价值。

因而，最终，我们会看到，一种异常，尤其是突变，即一种直接遗传的异常，并非**病态**（pathologique），因为它是异常，即从具体类型产生的变异。而这种具体类型，被定义为，在它们每一项平均的水平上最频繁出现的特征的总和。否则,我们将不得不说,一种个体突变,作为一种新物种的起点,既是病态的,因为它是一种偏离,同时也是正常的,因为它存活了,并且能够繁殖。在生物学材料中,新形式的正常和旧形式的正常是各不相同的,如果它找到了生存的环境,并在其中表现出标准化的特征,即消除了那些萎缩的、陈旧的,以及可能将要灭绝的生命形式。

这样来说的话,没有任何一种被称为正常的现象,从它与标准发生关联的那种环境不再出现那一刻起,作为这种标准的表现,能够取得标准的声望。根本就不存在其本身就是正常或病态的现象。一种异常,或者一种突变,本身并不是病态的。这两者表达了其他可能的生命标准。如果这些标准,就稳定性、繁殖和生命的可变性来说,比先前的标准低等,它们会被称为病态。如果这些标准,在同样的环境中显得对等,或者在另外的环境中更高级,它们会被称为正常。它们的正常性,会从它们的标准性那里降临。病态,并非是生物学标准的缺席;而是被生命相对排斥的另一种标准。

* * *

在这里,有一个问题,将我们引向了我们所关心的问题的中心,即正常的与实验的之间的关系。克劳德·贝尔纳之后的生理学家们理解的正常现象,都借助了实验工具可以持续考察的现象,同时,它们为任何一个假定环境中的假定个体测定的特征,最终与它们自己是一样的,而且,除了那些明确的丰富性差异外,在同样的环境里,从一个个体到另一个个体,都是一样的。因而,似乎存在着一个关于正常的可能的定义,客观而绝对,每一个由此开始并超出了限度的变异,从逻辑上说,都可以被认为是病态的。在什么样的意义上,实验室的标准化和测量,对于实验室外的生物的功能性活动来说,适合作为标准?

首先,必须指出,生理学家们,像物理学家和化学家一样,进行实验,并怀着这些数据对"其他同样的事物"也有价值这样的基本精神信念,来比较实验的结果。换句话说,其他的环境会造成其他的标准。**生物的功能性标准**,正如在实验室中所考察的那样,只有在**科学家的操作标准**框架中才有意义。在这个意义上,没有任何生理学家会怀疑,他不过是给了生物学标准这一概念一个内容,然而,他绝没有弄清这样一个概念是怎样成为标准的。在承认了某些环境是正常的以后,生物学家们客观地考察了那些实际上定义了相应对象的各种关系,然而,他们并没有真正客观地定义哪一种环境是正常的。如果一个人不承认实验的环境会对实验的结果——这种结果,与确定这些环境时的精心细致,是相矛盾的——的质量产生影响,那么,他就无法否认,在把实验环境与动物和人的正常环境统一起来时会遇到困难,在统计学意义和标准化意义上都是如此。如果非正常或者病态被定义为一种统计学意义上的偏离,或者某种非同寻常的东西,就像生理学家通常定义的那样,我们必须要说,从纯客观的观点来看,用于考察的实验室的环境,把生物放置到了一个病态的环境中。由此,人们却矛盾地宣布自己得出的结论具有标准的重要性。我们知道,这种反对,通常针对生理学,甚至医学界。我们引用过的那本攻击过普鲁斯的理论著作中说道:"人们在实验中对人为制造的生物的疾病进行的操作,以及对器官的摘除,导致了(**和自发的疾**

病)同样的结果,然而,指出这一点是很重要的,即因为生理学对实践医学产生了影响,就不承认实验生理学所起的作用,这样是错误的……当我们刺激、刺穿、切除大脑和小脑,以便了解这些器官的功能时,当我们切除了相当大一部分时,接受类似实验的动物当然已经完全远离了生理状态;它已经很严重地病了,而且,所谓的实验生理学,很明显,就是一种人为的生理学,类似于疾病或者创造疾病。当然,生理学也有一些引人注目的大人物,像马让迪、奥尔菲拉(Orfila)、弗洛伦斯(Flourens)这样的名字,在历史上将总会有其荣耀地位。然而,这些人物,为这门科学从疾病科学那里借鉴的每一样东西,提供了可靠的,而且从某种意义上说,具体的证据。"[95,L sqq.]

克劳德·贝尔纳在《动物热量讲稿》中这样回应了这种反对:"当然,实验把某种障碍引入到了机体上,但是,我们必须,而且能够将此牢记于心。我们必须把这些异常本来的作用,重新恢复到我们放置动物的环境中,并控制动物和人的疼痛,以便消除痛苦带来的错误的源头。然而,我们使用的麻醉剂对机体会产生影响,并引发生理学改变,成为实验结果错误的新原因。"[8,57]这段值得注意的文字表明,克劳德·贝尔纳是多么接近于承认,我们可能发现这种现象中的决定论,与认识的操作过程中的决定论无关;而且,他是怎样被迫诚实地承认了这种改变,这种改变,在一些无法精确理解的范围内,是由知识通过自身所包含的技术准备,加给那个已知的现象的。当我们表彰当代的波动力学理论家们发现观察受到观察对象的干扰时,事实是,和在其他情况中一样,这种观点比这些发现本身还要古老。

在这一研究过程中,生理学家必须面对三方面的困难。首先,他必须确信,在实验环境中被称为正常的东西,与在正常环境,即非人为环境中同样的东西应该是一样的。其次,他必须确定,实验所带来的病态,与自然产生的病态之间具有相似性。通常,属于某个物种的,是自然发生的病态的主体,而不是实验产生的病态的主体。比如,没有极大的警惕,我们就不能够从梅林和闵科夫斯基或者杨的实验犬那里,得出任何有关糖尿病人的结论。最后,生理学家必须对前两项比较的结果再次进行比较。没有人会质疑这种比较所造成的不确定性领域有多宽广。在任何情况下,人们都能理解满足"万物平等"的经典要求有多么困难。通过刺激大脑皮层上前部,会引发严重抽搐,但是,这仍然不是癫痫,即便一阵持续抽搐后,脑电图记录下了这种叠加曲线。四条胰腺可以同时在一个动物身上被嫁接,而不会感觉到任何血糖过低的紊乱(这种紊乱可以与胰岛上的腺瘤所带来紊乱相比)[53, bis]。睡眠药物可以引起睡眠,但是,A. 施瓦茨(A. Schwartz)指出:"如果相信通过药理学方法带来的睡眠以及正常的睡眠在这些条件下一定有正好相似的现象学,那就是错误的。事实上,这两种情况总是有差别的,正如以下例子所证明的那样:如果,比如,机体受到一种脑皮层镇静剂三聚乙醛的影响,尿量就会增加,然而,在正常的睡眠过程中,尿液就会降低。利尿的中心,一开始被脑皮层镇静剂的压制作用解放了,因而,受到了睡眠中心后来的抑制作用的保护。"因而,不可掩饰的是,通过影响神经中枢而人为造成的睡眠,并不会让我们认清催眠中心被正常的睡眠因素自然地推动运转的那种结构原理[105, 23-28]。

如果允许我们从对环境的适应这种正常关系的角度来定义生物的正常状态,我们不应该忘记,实验室本身创造了一种新环境,在其中,生命当然建立了新标准。其推论,在与这些标准有关的环境被去除后,不可能不带着风险进行。对动物或者人类来说,实验室环境是各种环境中的一种可能。当然,科学家很正确地看到,在自己的仪器设备中存在的,只是它们所证实的理论,在所使用的产品中存在的,只有它们所允许的反应;他还正确地推断了这些理论的普遍实用性以及这些反应,然而,对生物来说,仪器设备和产品是它们身在其中活动的对象,就像在平常世界一样。实验室中的生命形式,在它们与实验的地点和时间的关系中,不可能不保留某种独特性。

Ⅲ. 标准与平均

似乎在**平均**(moyenne)这一概念中,生理学家发现了与正常(normal)或者标准(norme)对等的一个客观的,而且在科学上合法的概念。当然,当代的生理学家们不再像克劳德·贝尔纳一样,厌恶把所有生物学实验或分析结果说成是一种平均。这种厌恶,或许源于比沙的一段文字:"人们随意从一个对象上抽取尿液、唾液、胆汁等等进行分析,并从对它们的考察中得出动物化学,好吧,然而,这不是生理化学;如果我可以这样说,这是对各种液体的死尸般的解剖。他们的生理学,存在于对无数变化的认识中。这些变化,是各种液体随着不同器官的状态而产生的。"[12,art,7,§1]克劳德·贝尔纳同样很清楚这一点。据他说,使用平均这一说法,消除了功能性生理学现象那些本质上动荡的、有节奏的特征。比如,如果我们采用同一天从一个特定的人那里多次测得的平均数来获取他真实的心跳数,"我们明显会得到一个错误的数字"。因此,有了这一规则:"在生理学中,实验中关于平均的描述,绝不应该出现,因为在现象之间的真正关系中,这种平均消失了;在处理复杂而多变的实验时,我们必须研究它们不同的环境,最终,提供一种可作为典范的最完美的实验,它将永远代表真正的事实。"[6,286]关于平均的生物学价值的研究,就同一个个体来说,没有任何意义:比如,对24小时内平均的尿液的分析,就是对"不存在的尿液的分析",因为禁食状态的尿液和消化状态的尿液是不一样的。这一研究对多个个体来说,也同样毫无意义。"类型的升华,是这样一个生理学家的想象,他从各国人都经过的火车站取得尿液,并相信他可以由此分析欧洲人的**平均**尿液。"[6,236]我们无意指责克劳德·贝尔纳把研究和对研究的夸张讽刺混淆在了一起,从而加重了一种错误方法的罪名(其责任,属于采用它的人)。我们只是想指出,据他说,正常,在确定的环境条件中,被定义为一种理想的类型,而不是一种数学上的平均或者统计学上的频繁。

一种类似的、更新的态度是房德里耶斯(Vendryès)在他的著作《生命与可能性》(*Vie et probabilité*)中所表现出来的。在此书中,克劳德·贝尔纳关于内部环境的连续性和规则的思考得到了系统性的重新考察和发展。房德里耶斯把生理学规则定义为"经得起任何偶然考验的功能的总和"[115,195],或者,如果人们愿意的话,定义为这样一些功能,它们能让生物的活动去除其偶然性特征(如果内部环境被剥夺了相对于外部环境的自主权,这种功能将会属于它)。房德里耶斯把生理常数——比如血糖——引起的变化,解释为对平均值的偏离,然而是一个个体的平均值。在这里,偏离和平均这两个术语,有一种概率意义。这种偏离越大,也就越不可能。"我并没有在一些个体身上进行统计。我只考虑单个个体。平均值和偏离这两个术语在这一条件下,被用在了同一个体的血液中同样的组成成分在特定时间系列中可以认定的不同的数值上。"[115,33]然而,我们并不认为房德里耶斯因此消除了克劳德·贝尔纳所解决的困难。克劳德·贝尔纳通过提出一种可作为典范的完善的实验,即作为比较的标准的实验,来解决来这一困难。在这一过程中,克劳德·贝尔纳公开承认,生理学家在生理学实验中,运用了自己所选择的标准,而他并没有抛弃它。我们并不认为房德里耶斯会有不同的进展。他会说,既然在正常情况下,一个人的血糖值是1‰,所以他的血糖的平均值就是1‰,因而在进食后或者体力劳动之后,血糖值围绕这一平均值发生了正向的或者负向的偏离吗?然而,假设一个人仅限于观察一个个体,他怎么能推论说,这个被选来进行常数变化考察的个体,代表了人类的典型?一个人要么是医生——房德里耶斯就属于这种情况,并最终有资格诊断糖尿病,要么在医学研究中没有学到任何有关生理学的东西,而为了了解一种规则的正常比例,他就会从尽可能相似的环境里的个体那里获得的结果,找出其平均数值。然而,最终的问题是,在一个纯理论上的平均值的什么样的波动范围内,可以把一个个体当作是正常的?

A. 迈尔(A. Mayer)和H. 劳吉尔(H. Laugier)以极大的透明度和诚实性处理了这一问题。迈尔列举了当代生理生物统计学的所有元素:温度、基础新陈代谢、供氧、热量散发、血液特征、循环速度,以及血液、储藏和组织的构成等。然而,生物统计学数值留下了巨大的可变空间。为了描述某个物种,我们选取的标准,事实上是由平均决定的常数。正常的生物,就是符合这些标准的生物。然而,我们必须把每一种偏离看成是非正常吗?"事实上,模型就是统计学的产物;大多数情况下,它是对平均进行计算的结果。然而,我们所遇到的真正的个体,多少与这些标准有些偏离,而且,这正好就是它们的独特性形成的原因。知道偏离涉及了什么,以及哪一种偏离能够与扩展的生命并存是很重要的。对每一个物种的个体来说,这都需要了解。这样一种研究远远没有进行。"[82,4.54 – 14]

劳吉尔指出了这样一种关于人的研究的困难。首先,他详细阐述了凯特勒(Quêtelet)的**平均人**(l'homme moyen)理论。我们后面将会来谈论这个理论。建立一种凯特勒曲线,对某种已知的特征(比如身高)来说,并不能解决其正常问题。引导性的假设和实践的惯例是需要的。这使人们可以决断,对高人或者矮人来说,什么样的身高数值,构成了从正常到非正常的转换。如果我们以一种统计学的安排来建立一系列任何个体都会或多或少地偏离的数学意义上的平均数,也会出现同样的问题,因为统计学无法提供一种方法,让我们确定一种偏离是正常还是非正常。通过一种推理可能会得出的惯例,如果一个个体的生物统计学档案允许我们预测,在没有意外事故的情况下,它将有一个与它的种群相适应的寿命,那我们是否能够认为它是正常的?然而,同样的问题会再次出现。"在那些因衰老而死的个体中,我们将会发现,有各种长短不一的寿命。我们应该把这些寿命的平均值,或者极少数个体所达到的最高寿命,或者其他的数值,作为这一物种的寿命吗?"[71,4.56 – 4]而且,这种正常性并不能排除其他的非正常性:某种先天的畸形,与很长的寿命也可能并不冲突。严格来说,即使在对局部的正常性进行确定时,对所观察的群体的特征进行平均状态的研究能够提供某种客观性的替代品,但由于

一、关于正常和病态的几个问题的论文(1943)

平均的这一部分的性质仍然是随意的,所以无论如何,在确定普遍的正常性这一过程中,所有的客观性都消失了。"如果生物统计学数据有所不足,以及不能确定我们在建立正常和非正常的分界时所使用的那些原则在什么样的地步是合法的,那么,关于正常性的科学定义实际上就难以达到。"[同上]

断言标准和平均这两个概念的逻辑独立性,并由此断言绝不可能在客观地计算的平均这种形式下为解剖学意义上的或者生理学意义上的正常提供完整的对等物——这样做是否更加诚实,或者相反,更加有野心呢?

* * *

从凯特勒的观点和哈布瓦赫(Halbwachs)对它们非常严格的考察开始,我们意在总结生理学中生物统计学研究的意义和范围问题。总的来说,考察其基本概念的生理学家,非常清楚地知道,对他来说,标准和平均是两个不可分割的概念。然而,对他来说,平均似乎直接可以进行客观的定义,因而,他试图把它与标准结合起来。我们刚刚看到,这种简化的企图遇到了困难。这些困难,在现在,以及毫无疑问地,在将来,都将难以克服。绕过这一问题,并追问这两个概念之间的联系能不能通过让平均从属于标准的方式来予以解释,这样做是否不太合适?我们知道,使用在解剖学上的生物统计学,首先是由高尔顿(Galton)的著作建立起来的。这部著作扩展了凯特勒的人体测量学步骤。通过系统地研究人体身高的变化,凯特勒在一群同类型的人口中为每一个个体测量了各种特征,并建立了图表,显示出频率的存在形式呈多边形状,其中,最高值与纵坐标最高点相应,还有一个以纵坐标为轴的对称。我们知道,多边形的边界是一条曲线,而凯特勒本人表示,这个频率的多边形接近于一个所谓的"钟形"曲线。这是一种二项分布曲线,或者高斯误差曲线。利用这样一种关系,凯特勒明确希望表明,要他从具有他种意义的已知特征(波动)入手,来认可某种个体变化,除非某种事故特征确证了偶然律。偶然律所表现的,是没有系统地定位的那些原因不可确指的多样性。其效果,最终,通过逐步的补偿,会互相抵消。现在,对凯特勒来说,从计算可能性的角度来解释生物学变化,似乎具有极大的形而上学意义。据他说,它意味着,对人类来说,存在着"一种典型或者模型,其不同的比例可以很轻易地确定"[96,15]。如果事实不是如此,如果人们彼此不同,比如身高方面,并不是某种意外原因的结果,而是因为他们不存在某种可以用来比较的典型,那么,在所有的个体测量中,没有一种确切的关系可以被建立起来。另一方面,如果从变异纯属偶然这个角度来说,确实存在着一种典型,从很多个体那里采集来的某种特征的测量数值,就应该按照数学规则来分布,而现实中事情正是这样发生的。在其他方面,测量出的数据越大,偶然性的干扰因素被抵消得越多,而普遍典型就出现得越清楚。然而,首先,从那些身高在确定的范围内变化的人中抽出任意数量的人来看,**那些接近平均身高的人,数量最多**,而那些离平均值越远的,在数量上越少。凯特勒把这种人的类型,称为平均人。**离这种类型越远,就越稀少**。当凯特勒被作为生物测量学之父而被引用时,还有一点未曾明言,即对他来说,平均人绝不是"不可能的人"[96,22]。在一个特定的区域,平均人存在的证据,是通过这样的方式来获取的,即每一项测量(身高、头部、胳膊等）获得的数据，在遵从意外成因规律的情况下，围绕平均值来进行分组。特定人群的平均身高是这样产生的，即由身高相同的人组成的最大的亚群体，是身高最接近平均值的一群。这使得典型的平均值完全不同于数学的平均值。当我们测量几座房子的高度时，我们可以得到一个平均值，然而，尽管如此，没有一座房子的高度接近平均值。总之，一种平均的存在，据凯特勒说，是某种规则存在的无可争议的标志，在一种明白的本体论意义上解释就是："对我来说，基本的观点是让真理占上风，并且表明，人类在毫无察觉的情况下，是多么受制于神圣的规则，以及他们是以怎样的规则来推行它们的。此外，这种规则并非专门针对人类：它是属于动物和植物的整个自然界的伟大的法律，而且，让人惊讶的是，它没有得到更早的承认。"[96，21]凯特勒的观念有趣的地方在于，在他关于真正的平均的观念中，他把统计学频率和标准这两种观念区分了，因为一种平均，决定了对它偏离得越多，就越稀少，这才是真正的标准。这里并不是讨论凯特勒的论文的形而上基础的地方，只想简单地指出，他区分了两种不同的平均：数学意义上的平均或者中值（médane），以及真正的平均；此外，他根本没有在人类的身体特征中，把平均作为标准的经验主义基础来表示，而是清楚地展示了一种本体论的规则，其本身在平均中表现来出来。如果为了理解人类身高的模型而诉诸上帝的旨意显得很有问题，这并不意味着这种平均中没有表现出任何的标准。对我们来说，这似乎又像是能够从哈布瓦赫对凯特勒的观念所做的批判性考察中得出的结论[53]。

据哈布瓦赫说，凯特勒的错误在于，他把人类的身高围绕平均值的分布，作为一种可以运用偶然律的现象。这种运用的第一个条件是,这类现象,作为一个不可预测的数字所有元素的混合,是完全互相独立的进程,因而,以前的不会对以后的产生任何影响。然而,人们不可以把持续的机体效果与被偶然律控制的现象看作相似的。这样做就等于承认与环境相关的身体现象和与生长过程相关的生理学现象是以这样的方式形成的,即每一现象的发生都独立于较早的或同一阶段的另一种现象。从人类的观点来看,这是站不住脚的。在人们看来,社会规则介入了生物规则,因而人类个体是一种联合体的产物,从属于各种各样习俗的、婚姻的法律指令。总之,遗传与传统,习惯与习俗,既是相互依靠的方式和个体间的联系,同时,也是恰当地运用概率计算的障碍。身高,作为凯特勒所研究的特征,将会仅仅是一个纯生物学现象,如果这种研究的对象,是构成一个纯粹的动物或植物的谱系(lignée)的全部个体。如此一来,在特定的模型两侧产生的变动,仅仅来源于环境的作用。然而,在人类种群中,身高既是生物学的,也是社会学的,不可分割。即便身高是环境的某种功能的结果,在某种意义上,人类活动的结果,也应该从地理环境来观察。人是地理的受理人,而地理被历史以集体技术的形式完全渗透了。比如,统计学观察使得人们确认索洛涅(Sologne)沼泽的排水对居民身高的影响成为可能[89]。索尔(Sorre)承认,某个人群的平均身高,在饮食改善的影响下,可能会提高[109,286]。然而,我们相信,如果凯特勒把某种神圣的标准的价值,用在人类某种结构特征的平均值上,是错误的,其原因或许在于,他规定了标准,而不是把平均解释为标准的一个标记。如果人体真的在某种意义上是社会活动的产物,那么,这样的假定就不是荒谬的,即通过平均值表示出来的某些特征的稳定性,取决于有意识或者无意识地对某些生命标准的遵从。最终,在人类种群中,统计学意义上的频率所表达的,不仅是生命的标准化,而且还有社会的标准化。一种人类的特征,不会因为频繁就是正常的,而是因为正常,才频繁,也就是说,在一种已知的生命种类中是标准化的。维达尔·白兰士(Vidal de la Blache)学派的地理学家们所说的"**生命种类**"(genre de vie)这几个字,就是这个意思。

这将会变得更加清楚,如果不考虑某种解剖学特征,而是专注于某种生理学特征,比如寿命。弗洛伦斯(Flourens),继布冯(Buffon)之后,寻找着一种方式来科学地确定人类的自然寿命或者说正常寿命。他采用并修止了布冯的著作。弗洛伦斯把寿命与生长的具体持续时期联系了起来。这种生长期,他是通过骨头在骨骺处的连接来确定的。[1] "人类的生长期是 20 年,却能够活到 20 年的 5 倍,即 100 岁。"这种正常的寿命既不是最常出现的期限,也不是平均的期限。弗洛伦斯非常清楚地阐释了这一点:"每一天,我们都会看到活到 90–100 岁的人。我非常清楚,达到这一岁数的人的数量,与没有达到这一岁数的人的数量相比,要小很多,但事实上,这样的岁数有人达到了。而且,因为有些时候,有人达到了这样的年纪,人们就可能会得出结论说,会有更多的人达到这样的年纪。会有更多的人达到这样的年纪,如果偶然的事故或外在环境,如果干扰性的原因,没有出来阻拦的话。很多人因为疾病而死;严格来说,很少有人因为高龄而死。"[39, 80–81] 同样,梅契尼科夫(Metchnikoff)也认为,一般来说,人能够成为百岁老人,而且,每一位活不到 100 岁的人,在理论上都是病人。

---

[1] 这一表达同样也被弗洛伦斯采用。

人的平均寿命的变化（法国男人1865年为39，1920年为52）是非常有启发意义的。为了给人类指定一种正常生活，布冯和弗洛伦斯从他们用在兔子和骆驼身上的生物学的角度，来思考人类。然而，当我们谈到平均寿命时，为了表明它在逐渐生长，我们把它和人类，即总体的人类，对自己采取的行动联系了起来。正是在这个意义上，哈布瓦赫把死亡处理为一个社会现象，并相信死亡年龄在很大程度上是工作和卫生条件，以及对疲劳和疾病的关注的结果，总之，既是社会环境，也是生理环境的结果。每一件事的发生，就像社会决定了"适宜于它的死亡"一样，死亡人数，以及它们在不同年龄段的分布，都表明了社会有没有对寿命的延长予以重视[53, 94-97]。总之，能够延长寿命的集体卫生技术，或者导致寿命缩短的疏忽的习惯，都取决于特定社会赋予生命的价值。它们最终都是通过人的平均寿命这一抽象的数字表达出来的一个价值判断。平均寿命并非生物学意义上的正常寿命，但是在某种意义上，却是社会意义上的标准寿命。这个例子再一次表明，标准不是从平均推导出来的，而是表现在平均当中。这将会更加清楚，如果我们不考虑作为一个整体的民族社会中的平均寿命，而是将这个社会分解成不同的阶级、职业，等等。当然，我们将会看到，寿命取决于哈布瓦赫在别处所说的生活水平。

对这样一种观念，人们毫无疑问会反对，它只是适用于人类的表面特征，而总的来说，对于那些表面特征，存在着容差的余地。在这种容差中，社会多样性可以表现出来。然而，它明显不适于在本质上比较固定的人类的根本特征，比如血糖、血钙，或者血液pH浓度。更广泛地说，它也不适于严格限定的动物特征。没有任何集体技术为这些动物特征提供任何相对的可塑性。当然,我们不是要说,解剖学－生理学意义上的平均值在动物身上表达了社会标准和价值,但是,我们要追问,它们是否没有表达与生命有关的标准和价值。在上一部分里,我们看到了特伊西尔提到的关于蝴蝶的例子。在两种变异之间摇摆的蝴蝶种群,似乎要和其中一种混合。这取决于这两种混合中的哪一种,能够获得环境能够容忍的鲜明特征的补偿。我们会问,是否存在着一种创造生命形式的普遍准则。最终,最频繁出现的那些特征的平均值的存在,被赋予了一种完全不同的意义,而不是凯特勒赋予它们的意义。它所表达的,不是一种具体稳定的平衡,而是在接近平等的标准和暂时被放置在一起的生命形式之间,所具有的一种不稳定的平衡。我们不因为它所表示的特征没有任何不可兼容性,就把一种具体的形态看作真正稳定的。我们把它看成是明显稳定的,是因为它暂时成功地通过一系列的补偿行为而调和了对立的需求。一种正常的具体形态,将会是功能与器官之间的正常化的产物。其综合的协调是从已知的条件中获得的,而不是给予的。这基本上就是哈布瓦赫在1912年对凯特勒的批评中所提出的:"为什么我们要把物种看作是这样一种类型,即它的个体只有通过偶然因素才产生偏离?为什么它的统一性不是结构形态的二重性的结果,为什么不是两者冲突的结果?或者为什么不是机体的普遍倾向(从各方面看,它们会相互抵消)数量太少的结果?还有什么能比这样的表达更自然,即它的成员的这种偏离,是由平均开始,向着两个方向进行的一系列常规的偏离……如果这些偏离在某个方向上大量出现,这将意味着这一物种在一种或多种持续作用的影响下向着那一方向进化。"[53,*61*]

就人与其长久的生理学特征来说,只有一种比较人类生理学和病理学——从存在着比较文学这个意义上来说——出现在不同的民族、道德或者宗教群体,以及技术群体或亚群体。它们将会考虑生命的错综复杂,它的种类和社会水平为我们的假设提供了一个精确的答案。然而,似乎这种从一个系统的角度来进行的比较人类生理学,仍然有待一个生理学家来书写。当然,有很多扎实的与动物和被分成不同民族的人类有关的解剖学和生理学的生物测量学数据汇编,比如《生物表》(*Tabulae biologicae*)[1],然而,这是一些列表,并无意解释比较的结果。通过比较人类生理学,我们指的是这样一类最好的研究,其代表作有艾克曼(Eijkmann)、本尼迪克特(Benedict)和奥佐利奥·德·阿尔梅达(Ozorio de Almeida)关于新陈代谢及其与气候和种族的关系的研究。[2]然而,碰巧的是,这一空白刚刚被法国地理学家索尔(Sorre)最近的一部著作部分地填补了。他的《人文地理学的生物学基础》(*Les fondements biologiques de la géographie humaine*)在草成后,引起了我们的注意。我们此后会来谈它,在我们希望保持其原样的发展之后,对其创造性的担忧,胜过对明显的综合的担忧。从方法论上说,综合远胜过了创造性。

* * *

人们首先会同意我们的观点,即通过仅仅在实验室的框架下以实验的方式取得的平均值,来确定生理常数的过程,会让人们

---

[1] Junk 编辑,La Haye 出版。
[2] 我们会在[61,299]看到这类著作的目录。

遇到这样的风险,即把正常人作为平庸的人来展示,远低于生理学的可能性。直接而具体地对自己和环境发生作用的人们,明显能够实现这种可能性,即便对科学完全无知的观察者看来也是如此。人们或许会通过指出这样一点来回答,即自从克劳德·贝尔纳以来,实验室的阵地得到了极大地扩张;生理学将自己的管辖权扩张到了职业指导和选择中心以及体育机构;总之,生理学家看到的是具体的人,而不是在一种非常人为的环境中的实验室的对象;他自己以生物统计学的数值来确定被容忍的变异的空间。当 A. 迈尔写道"建立体育纪录的目的,就是衡量人的血管系统最大的活动力"[82,4.54 - 14]时,我们想到了蒂博代(Thibaudet)机智的评论:"是纪录的数据,而不是生理学回答了这一问题:一个人能够跳多远?"[1]总之,生理学对于人类获得或者逐渐掌握的功能自由度来说,是唯一确定和精确的记录和标准化的方法。如果我们提及生理学家们确定的正常人,这是因为标准化的人存在,而对他们来说,打破标准并建立新的标准是很正常的。

对我们来说,作为人类生物学标准化的一种表达,不但所谓文明的白人所共有的生理学"论点"上的个体差异显得很有趣,而且,不同群体之间的那些"论点"本身的差异也很有趣。后者取决于生活水平的类型,与生活的民族和宗教态度有关,总之,与集体的生活标准有关。与此相关,夏尔·劳伯利(Charles Laubry)与德雷丝·布罗斯(Therese Brosse)借助最现代的记录技术,研究了宗教训练的生理学效果。这种宗教训练,让印度瑜伽修行者几乎完全控制了静止的生命的功能。这种控制是这样的,它以一切可能

---

[1]《柏格森主义》(*Le Bergsonisme*),I,203.

的方式利用肛门和直肠的括约肌,成功地调整了蠕动和逆蠕动,由此消除了平滑肌和条纹肌系统之间的生理差别。这种控制甚至消除了静止的生命相对的自主性。对脉搏、呼吸、心电图的同步记录,以及对基础新陈代谢的测量,让人们观察到,精神集中,努力让个人和客观宇宙融为一体,会产生以下这些效果:心率上升、脉搏节奏和压力变化以及心电图变化;通用电压低、波动消失等电路上细微的纤维性震动、新陈代谢降低[70,1604]。瑜伽练习者对生理功能发生作用的关键,似乎很少服从于意志,而在于呼吸;正是呼吸本身,被要求对其他功能发挥影响;通过降低呼吸,身体被放置在了"可以与冬眠的动物相比的一种放缓的存在状态中"[同上]。造成脉搏节奏从 50 - 150 的变化,15 分钟的呼吸暂停,对心脏收缩几乎完全压制,当然足以破坏生理标准。除非一个人选择把这种结果看作是病态的。然而,这显然是不可能的:"如果瑜伽练习者对他们的器官结构一无所知,他们也是这些器官功能毫无争议的控制者。他们享受着一种极佳的健康状态,他们迫使自己进行了数年的练习。如果他们没有遵从生理活动的规则,他们根本不可能忍受这种练习。"[同上]劳伯利与布罗斯从这样的事实中得出结论说,我们处在一种人类生理学面前,它与简单的动物心理学完全不同:"意志似乎以一种药效测试的方式在发挥作用,而对我们的高级能力来说,我们瞥见了调节和秩序的无穷力量。"[同上]由此,就有了布罗斯关于病态问题的这样的评论:"功能病理学的问题,从它使用的心理生理学层面有关的心理活动的角度来看,似乎与教育问题有密切关系。作为一种感官的、活动的、情感的教育的结果,不管好坏,它都迫切地需要一种再教育。健康和正常的观念,对于我们来说,越来越不是指与外在理想(体格健壮,心智成熟)的符合。它在有意识的自我与其心理生理学机体之间的关系中,取得了自己的位置;它成了相对主义的和个人主义的。"[17,49]

在这些生理学和比较病理学问题上,我们被迫用一些文献来满足自己,然而,尽管它们的作者有着不同的目的,让人惊讶的是,它们把人引向了统一结论。波拉克(Porak)从对功能性节奏及其障碍的研究中来寻找关于疾病起源的认识。他已经指出了生命的种类与利尿曲线,以及温度(慢节奏)、脉搏、呼吸(快节奏)之间的关系。中国 18—25 岁的青少年的平均排尿量为每分钟 0.5cm^3,并大约有 $0.2-0.7 \text{cm}^3$ 的波动,然而,同年龄段的欧洲人为 1cm^3,并有 $0.8-1.5 \text{cm}^3$ 的波动。波拉克从中国文明中地理和历史影响的混合的角度,来解释了这一生理现象。据他说,这种混合影响中有两项是基本的:食物的性质(茶、米饭、鲜嫩蔬菜)以及祖传经验决定的营养节奏——这种活动模式在中国比在欧洲明显。它尊重神经-肌肉活动的阶段性发展。西方人久坐的习惯对液体的流速会产生危害性的影响。这种障碍在中国并不存在。在中国,人们保留着"在自我与自然融为一体的强烈愿望中"悠闲度日的情趣[94,4—6]。

对呼吸节奏(快节奏)的研究,表明了它与活动的欲望的发展和僵化的关系中存在着变化。这种欲望本身与为人类工作制定节奏的自然和社会现象有关。农业出现以来,晴天为大多人的活动定下了基本框架。都市文明和现代经济的需要已经干扰了活动的生理大周期。这种周期现在只剩下一些痕迹了。在这个基本的周期之上,形成了二级周期。虽然处境的变换决定了脉搏变化的第二周期,但在呼吸中,是心理影响本身占主导地位。在苏醒时,一旦眼睛睁开面对亮光,呼吸就会加速:"睁开眼睛意味着采取了苏醒状态的态度;它意味着其功能性节奏已经定向于神经运动的活动展开,以及柔和的呼吸功能已经准备好面对外界:它立刻根据眼睑的睁开做出反应。"[94,62]呼吸功能,因为其所保障的造血作用,对肌肉能量的紧张的或者持久的展开非常重要,以至一种非常轻微的调整也会在一瞬间造成吸入空气量的巨大变化。因而,呼吸强度取决于我们在与环境的斗争中的进攻或者反应的质量。呼吸节奏是我们对我们在世界中的状况的意识的一种功能。

人们或许会期待波拉克的观察能够促使他提供一些关于治疗学和卫生的信息。这事实上就是正在发生的事情。因为生理学标准定义的是与人们的生活类型、水平和节奏相关的人类习惯,而不是人类的本性,所以每一项营养学规则都应该考虑这些习惯。这里有一个很好的关于治疗相对主义的例子:"中国的妇女在孩子们两岁前,都是她们自己去照顾。断奶后,孩子们永远不会再喝奶了。牛奶被认为是一种不合适的液体,只对贪吃的人有好处。然而,我经常让肾炎病人尝试牛奶。结果尿停滞马上就形成了。通过让病人喝茶和吃米饭,一种尿液发作马上恢复了正常脉搏。"[94,99]对功能性疾病的原因而言,如果从其发作考虑,它们基本上都是对节奏的干扰,源于疲劳或者过度劳作的心律失常,即源于任何超出了个体对环境的适当调整的活动[94,86]。"人不可能在功能性的可利用空间之内继续保持某种原型。我相信,对人的最好的定义,就是不知足的生命,即人总是超过他们的需要。"[94,89]这是关于健康的一个很好的定义,为我们理解它与疾病的关系做好了准备。

当马塞尔·拉比(Marcel Labbé)研究主要和糖尿病有关的营养疾病的病原学时,他得出了类似的结论。"营养疾病并非器官性疾病,而是功能性疾病……饮食中的缺陷在营养性障碍的起源中起着很重要的作用……肥胖是父母所提供的**不健康的教育**造成的最常见的、最简单的这类疾病之一……很多营养疾病是无法避免的……我上面所说的,是生活和饮食方面不好的习惯,每个人都应该避免,而已经遭受营养障碍的父母们,应该避免把这些坏习惯传给孩子。"[65, 10.501]我们唯一能够得出的结论就是,把关于功能的教育看作是一种治疗手段,正如劳伯利与布罗斯,以及波拉克和马塞尔·拉比所做的那样,就是承认功能忓的常数是习惯性的标准。习惯所造成的东西,习惯又在破坏它、重造它。如果疾病可以隐喻地被定义为邪恶,那么,生理常数就必定可以隐喻地被定义为美德——因此这个词的古老意思包含了品德、力量和功能。

索尔在人的生理和病理特征与气候、饮食和生物环境之间的关系上的研究,我们必须要说,与我们前面所引的著作的目标完全不同。然而,值得注意的是,所有这些观点都得到了证明,而且它们的洞见在索尔的著作中得到了确认。人对海拔的适应及其祖传生理行为[109,51]、光所产生的效果问题[109,54]、对热的忍受程度[109,58]、适应水土[109,94]、以牺牲人类创造的生存环境为代价的饮食[109,120]、饮食的地理分布及其塑造行为[109,245,275]、复杂的病原体的扩张领域(睡眠疾病,疟疾,瘟疫,等等)[109,291]:所有这些问题,都被以极大的精确性、广度和稳定的常识得到了处理。当然,首先让索尔感兴趣的是人的生态学,对人口分布问题的解释。然而,最后,由于所有这些问题都指向了适应问题,我们看到一个地理学家的工作,对一篇关于生物学标准的方法论文章,是怎样产生巨大的有益作用的。索尔非常清楚地看到了:人类的世界主义对与生理学常数相对的不稳定性相关的理论所具有的重要性;适应性的虚假平衡对于解释疾病和突变的重要性;解剖学常数及生理学常数与集体饮食的关系(他明确地将之定为标准[109,249]);创造真正的人类环境的技术,不可落实在纯实用主义的原因上;从活动的定位来说,人类心理对于长久以来被看作自然特征的特征,如身高、体重和集体素质等所产生的间接作用的重要性。总之,索尔饶有兴趣地表明,从整体来看,人类在寻找着自己的"功能的最佳状态",即寻找他的环境中的每一种因素的数值,以使某种特定的功能得到最好的发挥。生理常数并非绝对意义上的常数。对每一种功能或者一系列功能来说,总是存在着一个空白地带,让整个群体或者种群的适应能力得以发挥。因而,最佳的环境为人类的居住确定了一个区域,在其中,人类特征的统一性,不仅表现了决定论的惯性,而且还表现了一种无意识的但真正集体性的努力所保持的结果所具有的不稳定性[109,415–16]。不用说,我们很乐意见到一位地理学家让他坚实的分析结果来支持我们提出的关于生物常数的解释。常数的呈现,伴随着一种某个特定群体中的平均频率和数值。这个群体给出了一个正常的数值,而这个正常,就是对标准化的真正表达。生理常数是某个既定环境中生理最佳状态的表达。在这个环境中,我们必须记住那些一般生物,特别是"**制造工具的人**"(l'homo faber),所给予自己的东西。

  因为这些结论,在某种程度上,在解释非洲黑人糖尿病比例的有趣数据这一问题上,我们要与帕莱(Pales)和蒙格隆(Monglond)有所区别[92, *bis*]。在 84 名布拉柴维尔(Brazzaville)本地人中,66% 的人显示出血糖过低;在其中,39% 的人在 0.9 克到 0.75 克之间,而 27% 的人则低于 0.75 克。据作者说,黑人应该被普遍认为血糖过低。黑人所经受的低血糖,并没有表现出明显的障碍,尤其没有表现出痉挛和昏迷。在任何情况下,要在欧洲,则会被认为很严重,即便不是致命的。这种低血糖的原因,应该从长期营养不良、长期多形态的肠道寄生虫和疟疾中去寻找。"这些状态处于生理学和病理学之间。从欧洲人的观点来看,他们是病态的;从本地人的观点来看,他们与黑人的习惯状态是那样地接近,以至如果没有白人的比较性词汇,它几乎可以被认为是生理性的。"[92, *bis*, 767] 我们明确认为,如果欧洲人能够作为一种标准,只有在他们的生活类型能够作为标准化的生活类型的情况下才可以。对勒弗鲁(Lefrou)以及帕莱和蒙格隆来说,黑人的懒散似乎与他们的低血糖有关[76, *bis*, 278; 92, *bis*, 767]。这些作者说,黑人所过的生活,与他们的手段相适应。然而,难道同样不可以说,黑人所拥有的生理手段,与他们所过的生活相适应?

* * *

解剖学和生理学标准某些方面的相对性,以及最终,某些病态障碍的相对性(因为它们与生活方式和对世界的认识有关),不但在现在可以观察的民族和文化群体的比较中很明显,而且,在今天这些群体以及已经消失的较早的群体的比较中,也很明显。当然,古病理学可供使用的资料,远远少于古生物学和古文字学的资料,然而,从其中得出的谨慎的结论,仍然值得展示出来。

帕莱对法国的这类著作做了很好的综合,他从罗伊·C. 穆迪(Roy C. Moodie)从古病理学文献[1]——即在骨骼化石上留下可见痕迹的身体的健康状态的各种偏离——中借用了一个概念[92,16]。如果说磨尖的燧石和艺术讲述了石器时代人类斗争、工作和思想的历史,那么他们的遗骨则让人回想起他们的苦难的历史[92,307]。古病理学允许人们把人类历史上的病态现象设想为一种共生现象,如果这种病态涉及的是传染病——这不仅指人,还指一般生物——的话;或者设想为一种作为文化水平和生活类型的现象,如果涉及的是营养性疾病。史前人遭受的疾病出现的比例,与这些疾病当前提供给我们考虑的比例不同。瓦洛瓦(Vallois)指出,在法国史前史中,在所研究的几百具骨骼中,只出现了 11 例肺结核[113,672]。如果由维生素 D 缺乏而引起的软骨病在茹毛饮血的时代并不存在是正常的[113,672],那么,蛀牙的出现(早期人对此一无所知)就与文明的出现是相连的,因为随文明而来的,是食用淀粉和烹饪食物(它带来了维生素的破坏,而这对钙的吸收是必需的)[113,677]。同样,关节炎在石器时代以及随后的时期,比在当今要频繁得多,而这或许应归因于食物不足、气候寒冷潮湿,因为它的减少在我们这个时代意味着更好的饮食和更卫生的生活方式[113,672]。

我们可以很容易地想象,如果疾病的可塑效果或者变形效果没有在人的骨骼化石或者考古发掘过程中挖出的其他东西上留下痕迹,那么,要研究这些疾病是多么困难。我们可以想象,从这

---

[1] 可以从帕莱提到的书目中看到罗伊·C. 穆迪的作品[92]。这些著作的普及版,见 H. de Varigny 的《死亡与生物学》(*Le mort et la biologie*, Alcan)。

些研究中得出结论,需要怎样地谨慎。然而,只有在我们能够谈论史前病理学的情况下,我们才同样能够谈论史前生理学,就像我们在没有太多确定性的情况下,谈论史前解剖学一样。在这里,生命的生物学标准,与人类环境之间的关系,似乎与人体结构和行为有着因果关系。帕莱很有见识地指出,如果布尔(Boule)能够确定从圣沙拜尔(La Chapelle-aux-Saints)人那里确定尼安得特族(Néanderthal)的典型解剖学类型,那么,我们就可以毫不客气地从他那里看到一个得了牙槽脓溢、双边髋部股骨关节炎、颈椎病和腰椎病等等疾病的病态化石人的最完美类型。是的,如果我们可以忽略宇宙环境、技术装备,以及生活方式之间的差别的话——因为正是这些差别使得过去正常的东西在今天的成为非正常的。

* * *

如果质疑以上所用的观察的质量显得很困难,人们也许想要质疑它们所引发的,与功能性常数的生理学意义(被解释为习惯性的生命标准)有关的结论。作为回应,我们需要指出,这些标准,并非个人习惯(个体可以按自己的意愿选取或者放弃)的产物。如果我们承认人的功能的可塑性(在他身上与生命的标准化发生联系),这种可塑性既不是一种整体的和即时的韧性,也不是一种纯个体的韧性。适当保守地说,人类的生理特征与其活动有关,这并不意味着让每一个个体都相信,他可以通过库埃疗法(la méthode Coué),甚至移民,来改变自己的血糖或者基础新陈代谢。一个种族在一千年中形成的东西,不会在一天内改变。弗尔克(Vœlker)指出,一个人从汉堡到冰岛,他的基础新陈代谢并不会改变。关于从北美移居到亚热带,本尼迪克特也提出了同样的观点。然而,本尼迪克特确定,永久定居美国的华人,其新陈代谢要低于美国标准。总的来说,本尼迪克特指出,澳大利亚人(科卡塔斯,Kokatas)与居住在美国的、同样年龄、体重和身高的白人相比,新陈代谢要低;而反过来,印第安人(玛雅)又有较高的新陈代谢、较低的脉搏,和永远被压低的血压。我们可以得出与凯塞(Kayser)和东切夫(Dontcheff)同样的结论:"这似乎是一个已经确定的事实,即在人身上,气候因素对新陈代谢没有直接的影响;气候通过改变生活方式,并允许特殊种群的联合,会对基础新陈代谢产生长期的影响。这是一个渐进的过程。"[62,286]

总之,把人类的生理常数的平均值看作是生命的集体数值的表现,将只会说明,人类在创造不同种类的生活时,同时也创造了生理行为。然而,这些生活的种类不是强加的吗?人文地理的法国学派已经表明,并不存在地理性的命运。环境只给人类提供了使用技术和集体活动的潜力。选择才起决定作用。然而,在一个确定的环境里,当几种生活的集体标准都可能时,有一种被采用了,而它的古老性让它显得很自然。最终,它就是被选择的那一种。

然而,在某些情况下,一种清楚的选择对某些生理行为所产生的影响,是可以表现出来的。这就是对恒温动物的体温在生理节奏中产生的波动所进行的观察和实验,所得出的结论。

凯塞和他的合作者关于鸽子的生理节奏的著作指出,恒温动物的中心温度昼夜不同的变化,是从属于相关功能的静止生活中的一种现象。交换在夜间降低,是光和声音刺激源被压制的结果。在实验中,失明且与同伴隔离的鸽子丧失了生理节奏。白天-黑夜的次序被颠倒几天后,这种节奏也被颠倒了。生理节奏是在昼夜的自然变化中保持的条件反射。就其原理来说,它不在于温度调节中心夜间的低兴奋性,而在于白天产生的余热,被加到了生热系统上(它同样受温度调节中心的调节)。这种热量,取决于来自环境的刺激和温度的刺激:遇冷时它就上升。如果不考虑所有由肌肉活动产生的热量,那么使得生理节奏温度看起来具有节奏性的那种温度升高,就仅仅与白天处境紧张的增加有关。恒温动物的生理节奏温度的节奏性,是整个机体与环境有关的态度变化的表现。甚至在休息时,动物的能量,哪怕被环境所刺激,也并不会在总体上处于可使用状态,一部分被警戒和意愿的积极态度所调动。清醒状态是一种行为,即便没有警告,也不会无所消耗[60;61;62;63]。

这些结论解释了很多与人有关的观察和实验。其结果常常显得自相矛盾。一边是莫索(Mosso),一边是本尼迪克特,均不能够指出,正常的温度曲线取决于环境条件。然而,在1907年,图卢兹(Toulouse)和毕埃隆(Piéron)指出,生活环境的颠倒(夜间活动,白天休息)带来了人身上的生理周期体温节奏的完全颠倒。我们该如何解释这一矛盾呢?本尼迪克特观察到,有不适应夜间生活的人,也有在白天休息并且过着对环境来说很正常的生活的人。据凯塞说,由于实验环境与完全颠倒的生活方式的环境并不对等,我们就不可能确定这种节奏和环境之间的关系。下面的事实确证了这一解释。在婴儿身上,生理节奏的出现是逐步的,与婴儿的心理发展同步。在第8天的时候,体温的变化为0.09℃,在5个月时为0.37℃,在2-5岁时为0.95℃。某些作者,如奥斯本(Osborne)和弗尔克,在长途旅行中研究了生理周期,并指出,这种节奏正好遵循当地的时间[61, *304 - 306*]。林哈德(Lindhard)指出,在 1906 -1908 年间的一次到丹麦格陵兰的长途旅行中,在全部队员身上遵循着当地时间的生理节奏,一到北纬76°46',都成功地调整了"一个白天"(即 12 小时),同时得到调整的,还有温度曲线。完全的颠倒是不可能得到的,因为有正常活动的持续。[1]

这就是一个与活动的环境以及集体甚至个人的生活方式有关的常数的例子。这种关联性,表现了面对不确定的爆发而产生条件反射的情况下,人类行为的标准。人类的意志和技术能够把夜晚变成白天,这种变化不仅能够在人类活动展开的环境中进行,而且还能够在根据环境而活动的机体内部进行。我们不知道,在怎样的程度上,其他的生理常数,在分析的时候,作为人类行为的顺应性效果,能够以同样的方式展示出来。对我们来说,重要的是,表明有一个问题值得提出,而不是提供一个暂时的解决方式。不管怎样,在这个例子中,我们认为我们对"行为"这个词的使用是正确的。当条件反射让大脑皮层开始活动的那一刻,"反射"这个词就不应该严格按其意义来理解。它涉及的,是一个

---

[1]《丹麦格陵兰东北海岸考察报告,1906 - 1908》(Rapport of the Danish Expedition of the North East Coast of Greenland 1906 - 1908),《格陵兰通讯》(Meddelelser om Gronland), Kopenhagen, 1917:44. 转引自 R. Isenschmidt,《热量控制生理学》(«Physiologie der Wärmeregulation»),刊于《标准手册·U·路径·生理学》(*Handbuch der norm. u. path. Physiologie*), t. XVII, Springer éd, Berlin, 1926:3.

整体的，而非零碎的功能性现象。

* * *

总之，我们认为，正常和平均的概念应该被看作是两个不同的概念：试图把前者的创新性抹去而把两者简化为一个是徒劳的。在我们看来，生理学有比力图去对正常进行客观定义更好的事情可做，那就是，去探查清楚生命的原始的标准化。生理学的真正作用将是准确地确定标准的内容（这足够重要也足够困难）。那是这样一种标准，即不需要预先判断这些标准有没有修正的可能性，生命就已经成功地在这种标准中保持了自己的稳定性。比沙指出，动物是世界居民，而植物只是它们诞生地的居民。这一观念，对人类来说，比对动物更真实。人类在所有的气候中成功地生存了；除了蜘蛛，人类是唯一的一种动物，其扩张的领域与地球的领域等同。然而，首先，人类是这样一种动物，他通过技术，成功地当场改变了他的活动环境，因而，表明自己是唯一可以变化的物种[114]。这样的设想是否会很荒谬，即随着时间的推移，人类的自然器官能够表现出人造器官（通过它，人类提高了并且仍在提高前者的能力）的影响？我们知道，对很多生物学家来说，后天养成的特征的遗传性，是一个被否定地解决了的问题。我们冒昧地自问，关于环境对生物的作用的理论，是否濒于从长期的不信任中恢复。[1] 确实，人们可反对我们说，在这一情况下，生物学常数会表现出生存的内部环境对生物的影响，而且，我们关于

---

[1] * 今天我无法让自己继续追问这一问题。

常数的标准值的那些假定是没有意义的。如果那些不一样的生物学特征表现环境的变化,就像加速度的变化(它本来是与重量有关的)与高度有关系一样,那么,那些假定当然就没有意义了。然而,我们重申,生物学功能是很难了解的,就像观察所告诉我们的那样,如果那些功能仅仅表现了在环境变化面前的惰性物质的状态的话。事实上,生物的环境,也是生物有选择性逃避或施加某种影响的成果。我们可以用赖宁格(Reininger)关于人类世界的说法,来谈论每一种生物的世界:"Unser Weltbild ist immer zugleich ein Wertbild"[1],即我们关于世界图景,也总是一张关于价值的图表。

Ⅳ. 疾病、治疗、健康

通过区分异常和病态、生物学变化与负面生命价值,我们已经在整体上把察觉疾病的肇因的责任委派给了生物本身(它通过自身的动态极性而得到了考虑)。这就是说,在处理生物学标准的过程中,人们必须经常提及个体,因为这一个体,用戈尔德斯坦的话来说,"与由他自身的环境带来的那些责任在同一水平线上"[46,265],处于一些对其他任何个体的责任来说都不充分的有机环境中。正如劳吉尔、戈尔德斯坦所说,一种以统计学的方式获得的平均值,并不会允许我们确定我们面前的个体是否正常。我们不能够由此出发,来放弃我们对个体的医治责任。当涉及超个体的标准时,我们不可能根据内容来确定"生病"。然而,这对于

---

[1]《价值哲学与伦理》(*Wertphilosophie und Ethik*), Vienne-Leipzig, Braumuller, 1939:29.

个体标准来说,是完全可能的[46,265,272]。

同样,西格里斯特坚持生物学标准的个体相对性。如果我们要相信传统,拿破仑在完全健康的时候,其脉搏也只有40！如果,伴随着一分钟40次的收缩,一个机体满足了加于他之上的要求,那么,他就是健康的,而40次脉搏这一数字,尽管确实偏离了70这一平均值,对这一机体来说,还是正常的。[1] 西格里斯特总结说:"我们不应该满足于对从平均中产生出来的标准进行比较,而应该,只要可能,对所考察的个体的环境进行比较。"[107,108]

如果正常在集体常数这一事实上没有固定性,有的是在和个体环境的关系中标准被改变的灵活性,很明显,正常和病态之间的界限就变得不确定了。然而,这绝不可能把我们引向正常与病态(除了量变外,两者在本质上相同)之间的连续性,也不可能把我们引向健康和疾病(两者很容易混淆,以至人们不知道健康在哪里结束,疾病在哪里开始)之间的相对性。正常与病态之间的分界线,对于同时被考虑的几个人来说是不确定的,但对于一个在时间上连续被考虑的个体来说,是非常明确的。为了能在特定环境下成为标准化的,正常的东西,在另外的环境中可以变成病态的,如果它仍然与自己保持着同一性的话。这个个体本身,才

---

[1] 40次脉搏这一数字,并不那样让人惊奇地表明,西格里斯特的例子,直到人们考虑运动训练时心律所受的影响时,才把这一数字透露出来。随着训练的进步,脉搏的频率降低了。这种降低,在一个30岁的人身上,比在一个20岁的人身上显露得更多。它同样取决于所练习的运动的类型。在一个划桨者身上,40次的脉搏是非常健康的状态的标志。如果脉搏降到40以下,人们会说是训练过度。

是这一转换的判断者,因为是他自己从感觉到新环境强加给自己这些任务的那一刻起,经受了这种转变。一个保姆,在离开岗位到山中度假时,只有通过她所经受的植物神经紊乱,才能感觉到自己血压过低。当然,没有人必须要住在海拔很高的地方。然而,如果一个人可以这样,那他就更出众一些,因为有时候,这是不可避免的。一种生活的标准,对另一种标准来说是更高级的,如果它包含了后者所允许和禁止的任何东西。然而,在不同的情况下,有不同的标准。而它们作为不同的标准,具有同样的价值。因此它们也都是正常的。有鉴于此,戈尔德斯坦对加农(Cannon)和他的同事们对动物实施的交感神经切除术实验表示了极大的关注。这些失去了温度调节的灵活性的动物,也无法获取食物或者与敌人斗争。这些动物只有在实验环境下才是正常的。在这种环境下,它们不会受到剧烈的变化和突然出现的适应环境的要求的侵袭[46,276-277]。然而,这种正常并不能真正被称作正常。因为对那些非驯养的、非实验培育的生物来说,正常的是要居住在一个各种变化和新事件都可能发生的环境里。

因此,我们必须说,病态或者非正常状态并不在于标准的缺失。疾病仍然是一种生命的标准,然而,它是一种低级的标准,因为它不能够容忍让它合法的那些条件有任何变化,不能够让自己变成另一种标准。得了病的生物,在一定的生存环境中被正常化,它失去了标准化能力,也就是在别的环境下建立另一种标准的能力。很长时间以来,人们注意到,在膝盖的骨关节结核中,关节以一种有缺陷的姿势(被称为邦妮特[Bonnet]姿势)被固定了。有关于此,奈拉通(Nélaton)第一个给出了到今天仍然很经典的解释:"肢体要保持常有的笔直是很稀有的事情。确实,为了减轻其

一、关于正常和病态的几个问题的论文（1943） 135

痛苦,病人会本能地把它们放置在一个介于弯曲和伸展之间的位置。这会让肌肉对关节表面产生更少的压力。"[88,II,209]病态行为的享乐主义含义,以及最终,标准化的含义,在这里得到了完美的呈现。关节在肌肉收缩的影响下实现了其最大的能力,并不由自主地对疼痛产生了抗拒。这一姿势被认为是**有缺陷的**,仅仅是就关节的活动而言,它虽然可以有任何可能的姿势,但却不能向前弯曲。然而,在这一缺陷形式下,是隐藏于另一种解剖学和生理学条件中的另一种标准。

* * *

在1914－1918年的大战中,对头部受伤人员系统地进行的临床观察,让戈尔德斯坦得以形成一些神经疾病分类学的原则。在这里,对这些原则大致可以做一些总结。

确实,病态现象是对正常现象的常规改变,前者能够解释后者,仅仅是在这样的情况下才可能,即这种改变的原始意义被抓住了。首先,一开始,我们必须把病态现象理解为暴露了被改变的个体结构。我们必须在大脑中记得病人个体人格的改变。否则,我们就会有忽略以下事实的危险,即病人,尽管能够做出与自己先前的反应类似的反应,他能够实现这些反应的方式也非常不一样。这些反应,非常明显地与先前的反应对等,却不是先前的正常行为的残余;它们不是某种枯竭或者减弱的行为的产物;它们不是生命的正常形态减去某些被破坏的东西:它们是一些反应,永远不会以同样的方式,在同样的条件下,出现在正常的主体中[45]。

为了定义一个机体的正常状态,我们必须考虑**优先性行为**;为了理解疾病,我们必须考虑**灾难性反应**。通过优先性行为,人们必须理解,在实验条件下,在机体所能够产生的全部反应中,只有一部分的使用,被当作优先性的。这种以一系列优先性反应为特征的生命模式,是这样一种生命模式,即在其中,生物对环境的要求做了最好的反应,并与之和谐共处;它包含了最好的秩序、稳定性,以及最少的犹豫、混乱和灾难反应[46,24;49,131-134]。生理常数(脉搏、血压、体温等)表现了一个特定环境中个体生物机体行为有序的稳定性。

"病态现象是这一事实的表现,即机体和环境的正常关系,经过机体的改变,而被改变了。同时,因此,很多对正常的机体来说正常的东西,对被改变的机体来说,已经不正常了。疾病造成了震动,并把生命置于危险中。因而,一个关于疾病的定义,就要求以一个关于**个体存在的概念**为出发点。当机体以这样的方式被改变,即在其合适的环境中,它遭遇了灾难性反应,此时,疾病就出现了。这使得它不但在运行的特殊障碍(根据缺陷发生的环境来定义的)中,而且在非常普遍性的障碍中都得到了表现,因为正如我们所看到的那样,在任何范围内,失序的行为都或多或少地与整个机体失序的行为同时出现。"[46,268-269]

戈尔德斯坦在自己的病人身上所指出的,就是通过与新的,**但更狭窄的**环境有关的活动水平的降低,来建立一种生命的新标准。在遭受大脑损伤的病人身上,环境的变窄与他们无力回应环境(此前的环境)的要求相应。在一个没有被严格保护的环境中,这些病人只知道灾难性的反应;由于病人不愿屈从于病痛,他考虑着摆脱灾难性反应的焦虑。因此,这些病人对秩序极度狂热,十分谨慎,对单调乏味保持着积极的趣味,对他们知道自己可以控制的环境保持依赖。这个病人病了,是因为他只能接受一种标准。用一个已经对我们很有用的表达来说,病人不是因为标准的缺席才是非正常的,而是因为他不能成为标准化的。

带着这样一种疾病观,我们可以看到我们离孔德和贝尔纳的观念有多远。疾病是生物身上的一种积极的、创造性的经验,而不仅仅是一种减少或者增加的现象。病态的内容,除了形式的不同,是不可以从健康的内容中推导出来的。疾病,并非健康维度上的变化;它是一种新的生命维度。不管这些观念对法国公众来说有多新鲜[1],它们绝不能使我们忘记,在神经学中,它们是休林斯·杰克逊(Hughlings Jackson)创立的观念长期而丰富的演化的结果。

杰克逊把关于关系活动的神经系统的疾病,描述为等级制功能的瓦解。每一种疾病,都与这种等级中的一级相对应。在每一种关于病态症状的解释中,负面的和正面的都应该被考虑。疾病既是被剥夺,也是改变。高级神经系统的损伤,让低等的调节和控制中心获得了自由。这些损伤对某些功能的丧失负有责任,然而,现存功能的障碍,应该归因于从此不再是从属性的中心的相应活动。据杰克逊说,没有一种正面现象的起因是负面的。某种损失或者缺乏,都不足以在感觉神经系统运动行为中造成障碍

---

[1] 梅洛-庞蒂的著作《行为的结构》(*Structure du comportement*, Alcan, 1942)为戈尔德斯坦的观念的传播做出了很多贡献。*《机体结构》(*Aufbau des organismus*)一书的法文译本由 E. Burckardt 和 J. Kuntz 精心译成,以 *La structure de l'organisme* 为题,出版于 1951 年(Gallimard édit.)。

[38]。正如沃夫纳格(Vauvenargues)所说,人们不应该以他们所不知的东西为判断的基础,因而,杰克逊提出了这个被赫德(Head)称为黄金法则的方法论原则:"注意患者真正理解的东西,避免健忘症、失读症、辨语聋等术语。"[87,759]只要不把一个病人感到词语缺乏的典型环境给明确化,那么,说他失语就毫无意义。问一个得了所谓失语症的主体:你叫约翰吗?他回答:"不是。"然而,如果命令他说:"说'不是'",他试了试,却说不出来。同样的字,当它具有感叹的意义,可以被说出来;而当它有判断意义时,就说不出来。有时候,病人不能够说出这个字,然而却以其他的说法来表达了它的意思。姆尔格(Mourgue)说,假设病人无法说出某个日常物体的名字,而在人们把比如一只墨水瓶放在他面前的时候,他又说"这个东西,我把它叫作用来装墨水的瓷器",他是否有失语症[87,760]?

杰克逊的重点在于,语言,以及广义地说,每一种关系活动的功能,都能够有某些用处,尤其是,一种刻意的和自动的用处。在刻意的行为中,存在着某种先入之见,而且,整个行为的发生处于控制中,并在有效地实施以前就被渴望着。有了语言,在阐释具有刻意性和抽象性的这个命题时,有两个瞬间可以被区分开来:一个主观的瞬间,观念自动地出现在脑海中,以及客观的瞬间,这些观念按照某种命题的计划而被故意地安排组织。翁布雷丹(A. Ombredane)指出,偏移在**以语言为基础**的这两个瞬间之间有不同程度的变化:"如果存在着一些语言,在其中,这种偏移表现得很明显,就像我们在德语中看到动词处于最后位置那样。也有某些语言,其中的偏移很小。而且,如果我们记得杰克逊说过失语症几乎不会超出表达的主观瞬间的范围,像阿诺德·皮克(Arnold

Pick)一样,我们可以承认失语障碍的严重程度因病人试图用来表达自己的语言的不同结构而各不相同。"[91,194]总之,杰克逊的观念可以作为戈尔德斯坦的观念的介绍。对病人的判断,必须根据他做出反应的环境,以及环境为他提供的行动的工具——语言(在这些病例中,是语言障碍)来进行。不存在自在的病态的障碍,只有通过某种关系,才能对非正常作出评估。

但是不管通过翁布雷丹[91]、艾和鲁阿特(Rouart)[38]以及卡希尔(Cassirer)在杰克逊与戈尔德斯坦之间所建立的关系有多正确,我们都不能忽视他们深刻的不同和戈尔德斯坦的独创性。杰克逊的是一种进化论者的观点,他承认关系方面的功能的等级中心,与进化的不同阶段是相对应的。功能的尊位,也是一种时间性的连续:较高级的,也就是较晚的。较高的功能,出现得较晚,正好解释了其脆弱性和不稳定性。疾病既是某种解体,也可以是某种退步。失语症或者运用不能症(l'apraxique)让孩子,甚至动物的语言和肢体语言被重新发现。疾病,尽管代表着剩下的东西中的某种改变,而且不仅仅是失去了所拥有的,并且什么也没创造,然而,正如卡希尔所说,它使病人"在人类需要不断努力才能渐渐开辟的道路上后退了一步"[22,566]。如果真如戈尔德斯坦所言,疾病是一种变窄了的生活模式,因为缺乏勇气而缺少创造性的宽宏大量,然而,事实是,对于个体而言,疾病是一种新的生活,其特征,就是有了新的生理常数,以及新的机能,以便获得明显未曾改变的结果。因此,就有了这段已经被引用过的警告:"**必须警惕这样的想法,认为一个病人身上可能具有的各种姿态,仅仅代表正常行为的残余**,即经历破坏而幸存下来的东西。在病人身上留存下来的姿态,正如人们经常承认的那样,**从不会**

以这种形式在正常个体身上出现，更不用说在其个体发育和系统发育的低级阶段出现了。疾病赋予了那些姿态以特殊的形式，而只有考虑到疾病状态，它们才能够得到正确的理解。"[45, *437*]事实上如果可以比较生病的成人和孩子的手势，两者最核心的相似之处，可以导致这样的可能，即把小孩的行为，对称性地定义为生病的成人的行为。这将是一件荒谬的事，因为它忽略了推动小孩把自己往新的标准提升的那种急迫心理。在根本上，这与病人在顽强而艰辛地维持生命的唯一标准（他在其中感觉到了正常，即处于可以利用和控制他自己的环境这样一个位置）时，要保存那种引导着自己的东西的小心谨慎是有区别的。

艾和鲁阿特在这一点上抓住了杰克逊的观念的漏洞："在生理功能的秩序中，解体不但造成了某种能力的退步，还造成了人格进化上向低水平的退步。能力的退步并不一定会完全重造过去的阶段，然而却会接近它（语言障碍、感觉障碍等）。人格的退化，由于其完全是总体性的，不能够绝对地与个体发育或者系统发育的某个历史阶段相比，因为后者带着能力退步的痕迹，而且，作为此刻人格的反应模式，就算是与其更高级的环境割裂开来，它也不能够回到过去的反应模式。对精神错乱和儿童的精神或者最初的精神之间的相似来说，这就解释了我们为什么会得出结论认为它们是相似的。"[38, *327*]

同样，杰克逊的观点还引导了德尔马斯－马沙雷（Delmas-Marsalet）对采用电击进行神经心理治疗所获得的结果所做的解释。然而，德尔马斯－马沙雷不满足于像杰克逊那样，区分由缺乏带来的负面障碍，与由剩余部分的解放带来的正面障碍。他像艾和鲁阿特一样，坚持把疾病作为非正常，即作为新的东西所呈现出来的一切。在受中毒、外伤和感染影响的大脑中,区域与区域之间的新关系中的改变,会在不同的动态方向出现。一个完整的细胞,在数值上没有变化的细胞,能够完成一种新的安排,能够在"同分异构形态"之间建立不同的联系,因为在化学中,同分异构体是由一种共同的分子式构成的,但某些链条的位置,不同于普通的分子。从治疗学的角度来看,必须承认,通过电击方式得到的昏迷,在消除了某种神经心理功能后,允许进行某种重建。这种重建不一定是先前的消除阶段的颠倒性重现。治疗也可以被解释为由一种安排换为另一种安排,就像恢复前一种状态[33]。我们在这里指出这些最近的观念,就是为了展示,在怎样的程度上,病态不能够直接地从正常推演而来这一观点,会更显得有说服力。那些可能对戈尔德斯坦的语言和方式感到厌恶的人会赞同德尔马斯-马沙雷的结论,就因为我们私底下认为是他们的缺点的那些东西,即用来表述他们的那些心理学原子论的词汇和形象(大厦、碎石、布置、建筑等)。然而,尽管有这样的语言,他们在临床方面的诚实还是建立了一些值得考虑的事实。

* * *

人们或许会反对说,在考察戈尔德斯坦的观点及其与杰克逊的观点的关系时,我们是在心理领域,而不是在身体障碍的领域,我们描述的是心理运动的利用的失灵,而不是真正意义上的生理功能的变化(它构建了我们说过我们特别想要认定的观点)。我们可以这样回答,即我们所处理的,不仅仅是其说明,而且最终,还有对戈尔德斯坦的解读,此外,我们用来支持我们的假设和主张的病态现象的例子——对它们来说,戈尔德斯坦的观点是一种鼓励,而不是灵感——都是从生理病理学那里借用的。然而,我们更倾向于陈述一些新的、毫无争议的生理病理学著作。他们的作者,就其研究倾向来说,没有从戈尔德斯坦那里借鉴任何东西。

在神经学中,人们很早就通过临床观察和实验注意到,神经切除所涉及的症状,仅仅从解剖学结构的非连续性的角度,是不能够得到充分的理解的。在 1914—1918 年的战争中,一个涉及次感觉运动障碍的身体,受伤后得到了手术,并再次吸引了人们的注意。那个时代的解释,引入假性的恢复(pseudo-restaurations),并且正如通常所发生的那样,在不得已而求其次的时候,引入暗示病(pithiatisme),来作为解剖学的补充。勒利希伟大的优点在于,从 1919 年以来,他系统地研究了神经断端的生理学,并在"神经胶质瘤综合征"的名义下将其临床观察系统化了。纳热奥特(Nageotte)将通常非常硕大的凸起的肿块称为截断的丛状神经瘤。它由神经细胞轴突(cylindraxes)和在被切断的神经末端中央形成的神经胶质构成。勒利希是第一个看到神经瘤是反射现象的起点的人,并且将这种所谓的反应的起源,定位在遍布于中央断端的神经突中。神经胶质综合征包括了否定的一面和积极的一面,总的来说,就是某种前所未有的障碍的出现。勒利希假定交感神经纤维通常是传导发源于神经胶质瘤的兴奋的通道,并认为,这些兴奋"决定了在意外情况发生时的不同寻常的血管运动。这种血管运动通常是血管收缩,而正是这种反应,通过造成平滑肌的超高肌强直,在外围决定了一种真正全新的疾病,与神经切除造成的感觉运动失灵并存。这种新的疾病的特点是:苍白病(cyanose)、感冒、水肿、营养障碍、疼痛,等等"[74, 153]。勒利希的治疗学结论就是,神经胶质瘤的形成必须被阻止,尤其是通过神经嫁接。这种嫁接可能并不会重建结构上的连续性,但是,它确实以某种方式造成了中央末端的极性,并通过将神经突推向更上端的方式来疏导它们。弗尔斯特(Foerster)发明的一种技术同样可以被利用。这种技术的构成在于,绑紧神经膜,并通过注射纯酒精的方式让断端干瘪。

A. G. 韦斯(A. G. Weiss),以和勒利希同样的线索工作,并比后者更明确地认为,就神经胶质瘤的疾病而言,它很适于并足以消除神经胶质瘤,而且不会浪费时间去通过嫁接或者缝合来"模仿"结构连续性的重建。不能确定的是,人们能否通过这样一种方式,来期待一种受损神经区域的完全的重建。然而,这涉及一个选择的问题。比如,在手肘抽搐的案例中,一个人必须在这两方面之间进行选择:一是如果在嫁接后神经的连续性得到了有效的恢复,由此**可能**带来瘫痪状况的改善,二是让病人能够**立刻**利用一只手,这只手通常会部分地瘫痪,但具有让人非常满意的功能上的灵活性。

克莱因(Klein)的组织学研究或许可以解释所有这些现象[119]。不管根据各种状况(硬化症、发炎、出血,等等)所观察到的细节的形态如何,每一种对神经瘤的组织学考察都显示了一个常有的事实,即神经细胞轴突的神经原形质与神经鞘外壳的扩散(有时候是很大的扩散)之间所建立的持续的联系。这一确证,认可了神经瘤和整体感知接收端之间的密切联系。这种整体感知接收端由神经突的末端和源于神经鞘而又区别于神经鞘的因素构成。这种密切联系可以确证勒利希的一个观点,即神经胶质瘤实际上是异常刺激的起点。

即便如此，A. G. 韦斯（A. G. Weiss）和 J. 瓦尔特（J. Warter）非常有道理地宣布了这一观点："在非寻常的程度上，神经胶质瘤疾病极大地超越了运动和感觉的简单干扰范畴，而且，在很多时候，由于其严重性，它构成了虚弱的本质。这是非常正确的，以至于一个人如果以某种方式成功地让病人摆脱了与神经胶质瘤的存在有关的障碍，一直持续的感官活动的瘫痪，掩盖着一个真正的次等的方面，通常与被感染者几乎正常的使用相容。"[118]

神经胶质瘤疾病的例子，对我们来说，似乎完全适于证明这样一个观点，即疾病不仅仅是某种生理秩序的消失，还是某种新的生命秩序的出现。这一观点是勒利希的——正如我们在这一研究的第一部分所看到的那样——也同样是戈尔德斯坦的。它并不能正确地证明柏格森关于失调的理论的合法性。并不存在什么失调，存在的只是另一种秩序对人们所期望的或者所钟爱的秩序的替代。对于这另一种秩序，人们要么改变它，要么忍受它。

* * *

然而，韦斯和瓦尔特指出，一种在病人和医生眼中都很满意的功能的重建，在不需要实现理论上相应的解剖学范围内的完全恢复的情况下，就可以实现，由此，以一种他们意想不到的方式，确证了戈尔德斯坦关于治疗的观点。戈尔德斯坦说："因此，保持健康意味着能够做出有秩序的行为。这种行为可以占据主流，尽管某些以前可能的表现在现在已经不可能了。然而……新的健康状态与原来的不同。正如对过去的标准来说，对内容的确定是独有的，同样，内容的变化会引出新的标准。根据我们对生物体的内容确定的观念,这一点是不言而喻的,而且,对我们有关治疗的行为来说,变得特别重要……治疗,尽管有缺点,总伴随着某种本质的丧失,以及某种秩序的重现。与之相对应的,是一个新的正常的个体。在治疗中恢复某种秩序有多重要,可以从这一事实看出:机体似乎首先有保持或者获得使这一切成为可能的那些能力的倾向。反过来说,机体首先试图获得新的常数。我们可能会发现,在治疗过程中——尽管有持续的缺陷——与过去相比很多领域都发生了变化,然而其特征是趋向新的常数。我们在身体和心理领域都发现了一些新产生的常数。比如,与先前相比脉搏的变化,然而相对恒定,有同样的血压、同样的血糖含量、同样的整体心理行为,等等。这些新的常数保证了新的秩序。我们只有注意到这一点,才能够理解机体的行为。我们无权要求修改这些常数,这样我们只会造成新的失调。我们养成了不要总是和发烧作斗争的习惯,而是可以把体温的升高看作是这样的一种常数,对治疗是必要的。同样,在面对血压升高或者心理的某些变化的时候,也应该如此。还有很多这样的常数的改变,而今天,因为所谓的害处,我们仍然试图消除它们,然而,不干涉它们或许更好。"[46,272]

与用某种方式引用戈尔德斯坦(他似乎率先进入了一种费解的或者自相矛盾的生理学)相反,人们在这里会很高兴地强调他那些先导性的观念的客观性,甚至庸俗性。不止是临床医生(他们对他的论文不熟悉)的观察,还有实验的验证,都沿着他的研究路线前进着。凯塞不是在1932年写过如下的话吗:"从横切后的脊骨中观察到的反射消失现象,源于反射弧本身。休克状态的消失,伴随着反射的重现,严格来说,并非一种重建,而是一个新的

'降格'的个体的建立。一个新的存在被创造出来了,'脊髓动物'(来自冯·魏茨泽克[von Weizsaecker])。"[63 bis, *115*]

通过宣称新的生理标准并非疾病出现之前存在的标准的对等物,戈尔德斯坦,总的来说,仅仅确认了这样一个基本的生物学现象,即生命并不承认可逆性。然而,如果生命并不允许重建,它也不容许实际上是生理革新的修复。这种革新的可能性的或多或少的降低,是一种衡量疾病严重程度的方式。就健康而言,在最绝对的意义上,它无非是构建新的生物学标准的能力的最初的不确定性。

* * *

在勒利希的指导下出版的《法国大百科全书》第六卷《人类》的标题页,以一个投掷铅球的运动员的形象来展示了健康的涵义。这个简单的形象,对我们来说,其完全的启发意义与接下来的几页似乎不相上下。接下来的几页专门描述了正常人。现在,我们想要把散布于先前的解释和批判性考察中的思考集中起来,以便概括出一个关于健康的定义。

如果我们承认疾病仍是一种生物学标准这一事实,这意味着病态不能够在绝对的意义上被称为非正常,而是某种定义明确的条件下的非正常。反过来,健康和正常并非完全对等,因为病态也是一种正常。健康意味着不仅仅要保持某种假定的环境下的正常,而且在各种可能的环境中都要成为标准的。健康的特点在于超越标准(这个标准定义了暂时性的正常)的可能性,容忍违反习惯性标准的行为并在新的环境中建立新标准的可能性。在给苛要求的环境和系统中,一个只有一只肾脏的人也会保持正常。然而,他却从此不再有允许自己失去一只肾脏的奢侈。他必须照顾好它和他自己。医学常识的嘱咐,对我们来说太熟悉了,以至于都不会去寻找它们更深层次的意义。然而,服从一个说这句话的医生是非常痛苦和困难的:照顾好你自己!"说照顾好我自己是很容易的,然而,我还有家务要做",在一家医院的咨询室里一位母亲说道。她在说这句话的时候,没有任何讽刺的或者语义学上的意图。一个家庭就是可能有一个生病的丈夫或者孩子,就是一条破旧的裤子需要在晚上孩子们入睡后缝补(因为他只有一条裤子),就是走更远的路去面包店买面包,因为常去的那家由于违法被关闭了,等等。当一个人活着时,不知道什么时候吃饭,不知道楼梯是否太陡,不知道最后一班电车的时间(因为如果错过了,他就要步行回家,走很长的路),要照顾自己是多么困难。

健康就是对环境的变化无常的容忍的边界。然而,说环境的变化无常,是否太荒谬?这对人类社会环境来说,确实是真实的。在其中,各种制度在根本上都是不稳定的,习俗都是可以被废止的,而时尚就像闪电一样消逝着。然而,宇宙环境、整个动物环境,不是一个机械的、物理的和化学的常数构成的,由不变量构成的系统吗?当然,科学所定义的这个环境,是由规律构成的,不过,这些规律是理论的抽象。活着的动物并不是生活在规律中,而是生活在改变这些规律的动物和事件中。支撑着鸟儿的,是树枝,而不是弹力规律。如果我们把树枝简化为弹力规律,那我们就再也不能谈论鸟儿了,而只能谈论胶态溶液了。在这样一个分析性的抽象层面,这不再是一个生物的环境问题,也不是一个健康或者疾病的环境问题了。同样,狐狸所吃的,是母鸡下的蛋,而不是蛋白质的化学物，或者胚胎学规律。因为合格的生物生活在一个有着合格的物体的世界里，那么，它就生活在一个充满可能的事件的世界里。环境就是这样地变化无常。它的变化无常，就是它的形成、它的历史。

对生物来说，生命不是一种毫无变化的推演，一种直线运动，它无视了几何的刻板，它是与环境的一场辩论或者争吵（戈尔德斯坦所说的探讨研究[auseinandersetzung]）。在这个环境中，充满了缝隙、漏洞、出口和意料之外的抵抗。让我们再说一遍。我们并非公开主张非决定论，一种在今天得到相当支持的观点。我们认为，生物的生命，即便是变形虫的生命，也只是在经验的层面上，而不是在科学的层面上，认识到健康和疾病的范畴，因为经验首先是情感意义上的考验。科学解释了经验，但并不因此使得经验无效。

健康是安全和保障的总体（德国人称之为保险丝[sicherungen]），当前的安全，未来的保障。正如存在着一种并非假定的生理学保障，也存在着一种并不过分的生物学保障，这就是健康。健康是一种对反应的可能性进行调节的方向盘。生命通常仅仅是可能性的这一方面，而一旦需要，它立刻表现出了这种预期的能力。这在抗击炎症的反应中非常清楚。如果对抗感染的战斗取得了突然的胜利，就不会产生炎症。如果机体防御立刻被强制执行，此后就再也不会有炎症。如果炎症存在，那是因为抗感染的防御行为瞬间遇到了意外并被动摇了。保持健康状态意味着能够生病和能够康复。这是一种生物学意义上的奢侈。

反过来，疾病的特征就在于这一事实，即它是对环境的意外事件的容忍度的降低。谈到降低，并不意味着服从我们对孔德和贝尔纳的观念的批评。这种降低在于只能够生活在另一种环境中,而不仅仅是先前的环境的某些部分中。这就是戈尔德斯坦看得非常清楚的一点。在根本上,面对疾病的复杂性而产生的普遍的焦虑,所表达的不是别的,就是这种经验。我们更关心的疾病,是一定的疾病可能突然降临到我们身上那样一些疾病,而不是疾病本身,因为疾病的突然降临总是比疾病的复杂化来得更多些。每一种疾病都降低了对抗其他疾病的能力,耗光了先前的生物学保障(没有这些保障,甚至不会有生命)。麻疹倒没什么,然而,我们害怕支气管炎。梅毒只有在损伤了神经系统后才会非常可怕。糖尿病也并不是那么严重,如果它仅仅是糖尿的话。然而,休克呢? 坏疽呢? 如果必须动手术的话,又会发生什么呢? 血友病事实上也没什么,只要不发生外伤。然而,除非回到子宫里去生活,谁能躲得了外伤呢? 何况就算回去了,也还难说呢!

哲学家们为了弄清楚生命最根本的倾向是保存还是扩张而争论着。医学经验事实上似乎将一个重要的观点带入了这场论争。戈尔德斯坦注意到,有一种病态的忧虑,要避免可能最终造成灾难性反应的那些处境——它表达的是保存的本能。据他说,这一本能并非生命的普遍规律,而是一种萎缩了的生命的规律。健康的机体更少力求把自己保持在现有的状态和目前的环境中,而是更多地力求去实现自己的本能。这要求机体在面对风险时,接受灾难性反应的可能性。在某种突发的事情扰乱其习惯而造成问题之前,健康的人是不会逃离的,甚至从生理学的角度说;他会用自己克服机体危机、建立新秩序的能力来衡量自己的健康程度[49]。

人只有在感到不仅仅是正常的——即适应了环境及其要

求——而且是标准的,能够适应新的生命标准的时候,才会感到处于健康中——这就是健康本身。这明显不是要试图给人们这样的感觉,即自然以极度的慷慨造就了他们的机体:太多肾脏、太多的肺、太多的甲状腺、太多的胰腺,甚至太多的大脑——如果把人类的生活局限到植物性的生活的话。[1] 这样一种思维方式表现出了一种最幼稚的宿命论。然而,事实却经常如此:人们通常感到,自己被过于丰富的方式支撑着,供他挥霍是很正常的。有些医生太匆忙地在疾病中看到了犯罪,因为病人从事了某种过度的行为,或者在别的地方有忽略的行为。作为对这些医生的反对,我们认为,生病的能力和诱惑是人类生理学最本质的特征。给瓦莱里的一句名言换个说法,我们说过,对健康的可能的滥用,就是健康的一部分。

为了衡量正常和病态,人类的生活必不能被局限于植物性的生活。迫不得已时,一个人可以带着很多的畸形、疾病生活着,然而,他无法用自己的生命做任何事情,或者,至少,他还能用自己生命做一点点事情,而正是在这个意义上,机体的每一种状态,如果能适应一些被强加的环境(只要它还能容许生命存在)的话,最终在根本上都是正常的。然而,这种正常性的代价,在于放弃了所有可能的标准性。人,每一个有血有肉的人,并不局限于他的机体。通过工具来扩展了自己的器官后,人在自己的身体里所看到的,只是实现所有可能行为的方式。因而,为了分清对身体本

---

[1] 关于这一观点,参见 W. B. Cannon,《身体的智慧》(*La sagesse du corps*)第 11 章《身体结构和功能中的安全空间》(«La marge de sécurité dans la structure et les fonctions du corps»),Paris,1946.

身来说什么是正常什么是病态,一个人必须超越了身体来看。有散光或者近视这样的缺陷,一个人在农业或者畜牧社会中将会是正常的,但在航海或者飞行中是不正常的。从人类依靠技术手段扩张了自己的移动手段那一刻起,感到非正常,就是意识到某些变成了一种需要或者理想的活动,是不可实现的。因此,我们不能够清楚地理解,同样一个人,有着同样的器官,在不同的时间,在适于人类的环境中,是怎样感到正常或非正常的,除非我们理解了机体的生命力,是怎样在人身上以技术的灵活性的形式而发达的,理解了统治环境的欲望。

如果我们从这些分析,马上回到对它们试图定义的那种状态的具体感受上,我们就会理解,对人来说,健康是一种在生活中有保障的感觉,而这里的生活没有为自己确定任何限制。"Valere"这个词,作为价值(valeur)这个词的词源,在拉丁语中意思是良好的健康。健康是一种面对存在的方式,因为它感觉自己不仅仅是占有者和忍受者,而且,如果必要的话,还是价值的创造者和生命标准的建立者。因此,这种诱惑在今天仍然通过运动员的形象而影响着我们的头脑。在这种诱惑中,当代人对合理化的体育活动的痴迷,在我们看来无非是一副令人悲痛的漫画。[1]

---

[1] 人们可能会反对说,我们似乎混淆了健康和幼年期。然而,我们不应该忘记,衰老期是生命的一个正常阶段。然而,在同样的年龄,一个表现出适应能力,或者对器官的损坏(比如,骨折的大腿股骨良好而坚实的愈合)的修补能力的老人,相比那些没有表现出这些能力的老人来说,是健康的。漂亮的老人不会只是诗人的一种虚构。

V. 生理学与病理学

作为以上分析的结果，似乎把生理学定义为有关正常生活的规律和常数的科学，由于两方面的原因而不十分确切：其自身容易受到客观性测量的影响；其二，因为病态必须被理解为某种形式的正常，而非正常，并非指不是正常的东西，而是构成了另一种正常的东西。这并不意味着生理学不是一门科学。就它对常数和变量的寻找、测量程序和基本分析方法来说，它确实是科学。然而，虽说用其方法来定义生理学是**如何**成为一门科学的，比较容易，但用其对象来定义生理学是**关于什么的**科学，则没那么容易。我们可以称之为研究健康条件的科学吗？在我们看来，更好的是把它定义为研究生命的正常功能的科学，因为我们已经相信，我们必须在正常状态和健康之间做出区分。然而，有一个困难仍然存在。当我们考虑一门科学的对象时，我们考虑的是与其本身一致的固定的对象。在这个意义上，物质和运动，受惯性影响，满足了每一项要求。然而，生命呢？它不是形式的变异和进化、行动的创造吗？它的结构不是更多的是历史性的（historique）而非组织学的（histologique）吗？生理学因此会偏向于历史学。而历史学无论如何都不是自然科学。然而，我们确实对生命的稳定性无比震惊。总之，为了定义生理学，一切都取决于一个人的健康观念。拉斐尔·杜布瓦（Raphaël Dubois），据我们所知，是19世纪唯一的生理学著作的作者。在其著作中，一个并非纯粹词源学的或者纯粹重复性的关于生理学的定义，被提出来了。他从希波克拉底（Hippocratique）的**自愈**理论发展出了它的意义："**自愈**的作用，与机体的正常功能的作用容易混淆。后者多少都有些直接的保守性或防御性。生理学所研究的不是别的，就是生物的功能，或者，换句话说，生命蛋白或生物蛋白的正常现象。"[35,10]然而，如果我们同意戈尔德斯坦所说的，在疾病中只有一种真正保守性的倾向，而且，健康的机体的特征就是面对新环境建立新标准的倾向，那么，我们对这样一种观点就不会满意。

西格里斯特试图通过理解哈维首先开创的对血液循环的发现（1628）的意义，来定义生理学。他以自己通常的风格前进着，即把这一发现放入到文明的思想史中来看。为什么关于生命的一种功能性的概念，不早不晚出现在那个时候？西格里斯特没有把诞生于1628年的生命科学，与一般性的，让我们这样说吧，关于生命的哲学观念分开来看。后者在个体对待世界的不同态度中得到了表达。从16世纪末和17世纪初起，造型艺术最早创立了巴洛克风格，在各处掀起了解放运动。巴洛克艺术家们，作为对古典主义艺术家的反对，在自然中看到的，仅仅是未完成的东西、有潜力的东西，而不是被圈定的东西。"巴洛克艺术家们感兴趣的不是存在的东西，而是将要存在的东西。巴洛克明显不仅仅是一种艺术风格，它是一种思维形式的表现。在这个时代，它统治着人类精神的所有领域：文学、音乐、时尚、国家、生活方式和科学。"[107,41]16世纪初的人们，在创立解剖学的过程中，倾向于生活方式中静止的、受到限制的方面。沃尔夫林（Wœlfflin）对巴洛克艺术家的说法是，他没有看到眼睛，而只看到了凝视。西格里斯特在17世纪初对医师的说法是："他看到的不是肌肉，而是肌肉的收缩以及它所产生的效果。**生命解剖学**（anatomia animata），即生理学，就是这样产生的。这门科学研究的对象是运动。它向无限敞开了大门。每一个生理学的问题都会引向生命的源头,并提供了通向无限的出口。"[同上]哈维,尽管是一个解剖学家,在身体中看到的不是形式,而是运动。他的研究并不以心脏的构造为基础,而是以观察脉搏和呼吸这两种和生命一直相伴的运动为基础。医学中的功能性观点,与米开朗基罗的艺术和伽利略的动力学有关[107,42]。[1]

对我们来说,根据以前对健康的思考,不用说,初生的生理学的这种"精神",在把生理学定义为研究健康的条件的科学时,应该得到保留。在很多场合,我们都谈到了生活方式,更愿意使用这个表达,而不是行为这个术语,来更好地强调生命是一种动态的极性。对我们来说,似乎在把生理学定义为研究**稳定的生命形态**的科学时,我们符合了几乎所有源自我们先前立场的要求。一方面,我们被委派研究这样一个对象,即它的身份对自身来说,是习惯的身份,而不是本质的身份,然而,它相对的恒定性或许正好足以把对生理学家来说动摇不定的现象纳入考虑范围。另一方面,我们保留着这样的可能性,即让生命超越文化的、在生理学认识的某个特定阶段被作为标准看待的生物学常数或者变量。事实上,形态的稳定化,只能是在通过扰乱先前的稳定性之后。最后,对我们来说,从所提出的定义开始,我们将能够更正确地给生理学和病理学的关系划定界限。

在生命最初的形态中,存在着两种类型。有一些在新的常数中得到了稳定,然而它们的稳定性不能够让它们最终免于被再次

---

[1] 在另外一些值得注意的章节中,Singer 专门关注了哈维,并强调这些生物学观念的传统特征,以至于尽管有这些学说上的假定条件,他也已经通过方法论上的完备而成为革新者[108]。

超越。那是一些正常的带有推进价值的常数。因为它们的标准性,它们是真正的正常。还有一些要以常数的形式被稳定下来。生物的每一项急迫的努力,都试图保护它们免受意外干扰。还有一些正常的常数,却表现出推进其中的标准性死亡的数值。因而,它们是病态的,尽管在生物活着的时候它们是正常的。总之,一旦生理稳定性在演化的危机中被中断,生理学失去了它的权利,但是,它并没有因此而失去其线索。它并不能提前知道新的生物学秩序是否会成为生理学的,但随后,它会有办法在它所据有的常数中重新找到答案。这是事实,比如,如果环境被以实验的方法改变,以便弄清楚所保持的常数,在没有因生存环境的动荡而产生灾难的情况下,还能否适应自身。这是,比如说,帮助我们理解免疫和过敏性反应之间的差别的主要线索。血液中抗体的存在,对这两种形式的反应都很平常。然而,当免疫让机体对侵入内部环境的细菌和毒素不再敏感的时候,过敏反应,对特定的,尤其是侵入内部环境的蛋白质类的物质来说,就是一种必需的超级敏感[104]。在内部环境的第一次改变(被感染、注射或中毒等)后,再一次的入侵,就被免疫的机体忽视了,而在过敏反应的情况下,它引发了极为严重的休克反应,很多时候都是致命的,非常突然,以至于它让引发它的实验性注射成了名副其实的**激起反应的**(déchaînante),因而是一种典型的灾难性反应。血清中抗体的存在因而总是正常的,机体通过修正常数来适应环境的首次进攻,并受其调整,然而,在一种情况下,正常状态是生理性的,而在另一种情况下,是病态的。

*　*　*

据西格里斯特说,魏尔啸(Virchow)把病理学定义为"面对障碍的生理学"[107,*137*]。认为疾病源于正常的功能,而这些功能受到外界因素的干扰,被复杂化了,但并没有被改变,这样一种理解疾病的方式,与克劳德·贝尔纳的观点很接近了,并且源于非常简单的疾病发生原理。我们知道,比如说,一只心脏或者肾脏是怎样形成的,血液或尿液是怎样通过它们的;如果我们想象二尖瓣上心内膜炎的溃烂增加,或者肾盂中有结石,那么,我们就能够理解像心杂音或肾绞痛这类症状发生的原因。然而,或许在这一观念中,存在着一种教育式的和启发式的混淆。医学教育恰恰始于关于正常人的解剖学和生理学,由此出发,某些生理状态的原因,有时候可以轻易地通过承认机理的相似性来获得,比如,在呼吸系统中:心脏病、腹水、水肿;以及感官运动系统中的:偏盲或半身不遂。然而,似乎获取这些与生理学对应的解剖学知识的顺序被颠倒了。首先,是病人某一天确定"出了点问题";他注意到自己的形态结构或者行为中出现了某些惊人的或者痛苦的变化。他正确地或者错误地让医生注意到这一点。后者受到病人的影响,着手于对病人特有的症状,甚至潜在的症状进行系统的探索。如果病人死亡,会进行尸检,会用各种方式来寻找所有器官中的独特现象,并将其与没有出现过类似症状的死亡的个体的器官相比较。临床观察和尸检报告会被相互比较。这就是病理学,如何借助病理学解剖,而且同样借助和功能性机理有关的假定和知识,变成了面对障碍的生理学的。

现在,必须指出,在这里存在着一种专业上的失察——或许这能够通过弗洛伊德的过失行为或失败行为理论来解释。医师都有一个倾向，即忘记是病人来找的他。生理学家则有一个倾向是，忘记临床医学和治疗医学先于生理学（这并非像人们想象的那样荒谬）。要这一失察被纠正，我们就会认为，正是对障碍的体验——首先以疾病的形式，被一个具体的人所经历——在两个方面促进了病理学的发展：临床症候学和对症状的生理学解释。如果没有病理学障碍，就不会有生理学，因为不会有需要解决的生理学问题。总结下我们在考察勒利希的观点时所提出的假设，我们可以说，在生物学中，是**情感**（pathos）调节着**逻辑**（logos），因为是前者唤起了后者。引发了对正常的理论兴趣的，是非正常。对标准的认可，是在它们被破坏的时候。功能只有在失败的时候才会暴露出来。生命只有通过失调、受挫和痛苦才能够进入意识层面和关于它的科学。A. 施瓦茨，随恩斯特·内维尔（Ernest Naville）之后，指出睡眠在人类的生活中所占的位置与在生理学中的相应的位置之间存在着极大的不均衡［104］，正如乔治·杜马（Georges Dumas）所指出的，关于快乐的著作，与关于痛苦的海量著作相比，真是少得可怜。这是因为睡眠的本质和快乐，在于让生命在延续过程中不被注意到。

在《论正常的与病态的生理学》（*Traité de physiologie normale et pathologique*）中，阿伯卢斯（Abelous）承认，布朗-塞卡（Brown-Séquard）在1856年确定了切除肾上腺会导致动物死亡之后，创立了内分泌学。似乎这是一个自证的事实。却没有人追问布朗-塞卡是怎么想到要切除肾上腺的。在不知道肾上腺的功能的情况下，这不是一个靠推断就能够做出的决定。不，但这是一场可以模仿的事件。而事实上，西格里斯特表明，正是临床实践模仿了内分泌学。在1855年,阿狄森(Addison)描述了从此以他的名字命名的疾病,他将这种疾病归因于肾上腺的损害[107,57]。由此出发,布朗－塞卡的实验性研究就可以得到理解了。在那本《论生理学》(Traité de physiologie)[112,1011]中,图尔纳德(Tournade)审慎地指出了布朗－塞卡和阿狄森之间的关系,并讲述了这一具有认识论意义的轶事:1716年,波尔多科学院以"肾上腺有何用处"为题进行征文比赛,而孟德斯鸠,作为报告的负责人,总结说,在所提交的论文中,没有一篇能满足科学院的好奇心,并补充说:"或许有一天,一个偶然的机会,能完成现在全世界的努力都无法完成的事情。"

再举一个同类研究的例子。所有的生理学家都把1889年在糖类新陈代谢中胰腺激素的作用的发现,追溯到冯·梅林和闵科夫斯基那里。然而,通常,人们并不知道,如果这两位研究者让一只犬患上糖尿病——在生理学中的著名程度,就像圣－洛克(Saint-Roch)在《圣徒传》中的著名程度一样——那么,这也是无意的。正是在研究外胰腺的切除及其在消化中的作用的过程中,这只犬的胰腺被切除了。瑙纽(Naunyn)在自己的单位进行了实验。他说,那是在夏天,而实验室的服务员被动物笼子周围大量的蚊虫震惊了。瑙纽遵循着这一原则:哪里有糖,哪里就有蚊虫。他提出分析犬的尿液。然后,冯·梅林和闵科夫斯基,通过胰腺切除术,造成了一种类似于糖尿病的现象[2]。因而,人为的方法使澄清变得可能,然而,却没有任何预谋。

同样,我们也应该稍微想一想德热里纳(Déjerine)的这几句话:"要精确地描述舌咽神经的瘫痪症状几乎是不可能的;事实上,生理学还没有真正地建立起这种神经的运动分布图,而另一方面，可以说，在临床实践中，舌咽神经孤立的瘫痪被观察到了。事实上，舌咽神经总是和迷走神经和脊髓神经一起受到损害。"[31，587]对我们来说，似乎为什么生理学没有确切地建立起舌咽神经的动态分布图的首要原因，如果不是唯一原因的话，在于这种神经没有促成任何孤立的病态综合征。当伊西多·乔弗瓦·圣-伊莱尔把他那个时代的畸形学中与内脏异位相应的空缺归因于每一种形态或功能症状的缺乏时，他表现出了极为罕见的智慧。

魏尔啸关于生理学和病理学之间的关系的看法，并不完善，其原因，不仅在于他忽略了生理学和病理学之间正常的逻辑从属关系，而且他暗示疾病并没有主动地创造任何东西。为了再次回到这一问题上，我们在后一点上已经做了太过详细的讨论。然而，对我们来说，这两个错误似乎是有关的。正因为不允许疾病有任何自己的生物学标准，对于研究生命的标准的学科来说，就不会对它有什么期望。一种障碍只会减缓、终止或者扭转某种力量或者潮流，而不会改变它。一旦障碍被移除，病态的就会转变为生理的，早前的生理的。现在，这正是我们所不能承认的，不会附和勒利希或戈尔德斯坦。新的标准不是旧的标准。而由于这种建立新的具有标准值的常数的能力，对我们来说似乎是生物的生理学方面的特征，我们不能够承认，生理学能够在病理学之前单独地建立，如果要客观地建立起来的话。

今天，人们会认为要发表一部关于正常生理学的著作，完全不涉及免疫和过敏是不可能的。对后一种现象的认识告诉我们，大约97%的白人对结核菌素的皮肤反应呈阳性，然而，没有一个人患有结核病。而正是科赫（Koch）著名的错误，成了这些知识的源头。科赫确定,把结核菌素注射到已经患有结核病者身上会让情况更严重,而这对健康人来说却是无害的。随后,科赫相信,在结核菌素实验中,他发现了一种绝对可靠的诊断工具。然而他错误地赋予了它一种治疗价值,由此得到一些结果,关于这些结果的让人悲哀的记忆,只有等到后来过渡到一种更精确的诊断方法和预防性检测,即皮尔凯(Pirquet)发明的皮肤反应测试之后,才得以被消除。在人类生理学中,几乎每一次有人说"今天我们知道……"时,通过仔细查看,他会发现——在不指望降低实验的作用的情况下——问题出现了,而且,其解决方式,通常由临床实践和治疗学提供大体框架,而通常,从生物学上说,是以病人的牺牲为代价的。因此,正如科赫在1891年发现了以他的名字所命名的、并且由此产生出过敏反应理论和皮肤反应监测技术的那种现象,马凡(Marfan),早在1886年,根据骨质结核病所集中的区域少有与其他疾病——比如髋关节痛、卜德氏病(脊椎结核病)、肺结核——共存的现象,就有了这样的直觉:从临床的角度说,即结核病的某些表现可以确定对其他疾病的免疫性。总之,在过敏这种普遍现象(过敏反应是其中之一)的案例中,我们看清了一种无知的生理学通过临床实践和治疗学而过渡到了一种博学的生理学。今天,一种客观的病理学以生理学为起点,然而,昨天的生理学以一种病理学为起点。这种病理学应该被称为是主观的,因而是轻率的,不过,当然是大胆的,因而是进步的。用明天的眼光看,所有的病理学都是主观的。

* * *

是不是用明天的眼光来看,仅仅病理学才是主观的呢? 在这个意义上,所有就其方法和目标来说是客观的科学,从明天的眼光来看都是主观的,因为,在难以宣称完善的情况下,很多今天的真理也将会变成一个旧的错误。当克劳德·贝尔纳和魏尔啸各自独立地以建立一门客观的病理学为目标时,一个以功能调节的病理学为形式,另一个以细胞病理学为形式,两者都倾向于把病理学融入到自然科学中,以规律和决定论为基础来建立它。[1] 我们想要考察的,正是这种抱负。然而,如果坚持把生理学定义为关于正常的科学看起来已经不可能,似乎就很难承认可以有一门关于疾病的科学,以及可以有一门完全科学的病理学。

医学方法论的问题在法国并没有引起多大的兴趣,对哲学家和医师来说都是如此。据我所知,皮埃尔·德尔贝(Pierre Delbet)收在《论科学中的方法》(*De la méthode dans les sciences*)[32]中的一篇旧文,还没有继承者。另一方面,在国外,人们以高度的一致性和细致来处理这些问题,尤其是在德国。我们打算借鉴赫克斯海默(Herxheimer)在他的《当代病理学》(*Krankheitslehre der Gegenwart*,1927)中对雷克(Ricker)和马德伯格(Magdebourg)的观念以及他们所引起的争论的说明。我们特意要给这种说明以总结的形式,从赫克斯海默的著作的 6-18 页转述、摘取[55]。[2]

雷克成功地在下列著作中详细解说了自己的观点:《关系病

---

[1] 参见 M.-D. Grmek 在《克劳德·贝尔纳的观点》(«Opinion de Claude Bernard»)中关于魏尔啸和细胞病理学的研究,见 *Castalia* (Milan),1-6 月号,1965.

[2] 条件不允许我直接引用雷克的著作。

理学》(*Pathologie des relations*,1905)、《生理学作为纯自然科学的逻辑因素》(*Eléments d'une logique de la physiologie considérée comme pure science de la nature*,1912)、《生理学、病理学和医学》(*Physiologie, pathologie, médecine*,1923)、《作为自然科学的病理学,关系病理学》(*La pathologie comme science de la nature, pathologie des relations*,1924)。他划定了生理学、病理学、生物学和医学的领域。自然科学的基础在于系统的观察,并带着一种解释的眼光对这些观察进行分析,即清晰地说明人类作为一种物理存在所属的环境中发生的各种可感的、物理的程序之间的因果关系。这就排除了自然科学对象的心理特征。解剖学描述了形态学意义上的对象,其结果本身没有解释价值,但通过它们与用其他方式获得的结果之间的联系,这些结果又获得了解释价值,因而,对于作为一门独立科学的生理学所研究的对象来说,提供了解释上的帮助。"生理学探索这些更频繁、更规律,因而可以被称作正常的进程的过程,而病理学(被人为地与生理学分开来了)关注它们那些更稀有的形式。这些形式可称之为非正常的。它同样必须服从科学方法。生理学和病理学,作为同一门科学混在一起。它只能被称作生理学。它考察的是物理人身上的现象,以期获得一种理论的、科学的认识。"(《作为自然科学的病理学》,321)[55,7]生理学-病理学必须确定物理现象之间的因果关系,但既然不存在关于生命的科学概念——除了一种纯粹诊断性的概念,所以这种生理学-病理学就与目的和目标毫无关系,从而也与和生命相关的价值毫无关系。一切目的论(必定不是超验性的,而是内在性的),一切从机体的最终目的出发,或者把自己与机体的最终目的联系起来,与对生命的保存等等联系起来的目的论,因此都是价值判断,它们不属于自然科学,从而更不属于生理学－病理学。

这并没有排除价值判断或者实际应用的合法性。然而,前者被归入到了生物学中,作为自然哲学的一部分,因而也是生理学的一部分;而后者被归入医学和卫生学中,被认为是应用性的、实用的、目的论的科学,旨在运用,根据其目标,被这样解释的东西:"医学的目的论思想要建立在生理学和病理学中的因果关系的判断上,因为后者构成了医学的科学基础。"[55,8]病理学,作为纯自然科学,必须提供关于因果的知识,但不能做价值判断。

赫克斯海默回应这些一般性逻辑命题说,首先,像雷克那样把生物学归入哲学,并不符合常规,因为如果一个人依靠像文德尔班(Windelband)、孟斯特伯格(Münsterberg)和里克尔特那样的价值哲学的代表,生理学就不能够获得使用真正的标准化价值的权利。因而它必须被列入自然科学中。此外,某些概念,比如运动、营养、自然发生等(雷克给了它们一种目的论的意义),与病理学是无法分开的[55,8],从它所考虑的主体的心理方面的原因来说是如此,从它所考虑的对象本身身上的原因来说,也是如此。

事实上,一方面,科学判断,即便不带有任何价值的对象发生关联时,仍然是一种价值论判断,因为它是一种心理行为。从纯逻辑或者科学的观点来看,据雷克自己说,在采用某些公约或者公设可能是"有好处的"。而在这个意义上,我们可以和韦格(Weigert)或彼得斯(Peters)一样承认生物的组织或者功能的目的论。从这个观点来看,像活动、适应、调节和自我保存这类观念——雷克会把它们从科学中去除掉——在生理学中会优先得到保存,因而在病理学中也会如此[55,9]。总之,正如雷克清楚地看到的那样,科学思想在日常语言中,发现了大众的非科学语言,一种有缺陷的工具。然而,正如马尔尚(Marchand)所说,我们并不因此而必须"怀疑每一个简单的描述性术语中所隐藏的目的论动机"。日常语言尤其不足,因为它的术语常常具有绝对的意义,而在我们的思想中,我们只给了它们相对的意义。比如,说一块肿瘤具有一种自主的存在,并不意味着它的营养路线、材料和模式真正与其他组织相独立,而是与它们相比,它相对独立。甚至在物理学和化学中,我们所使用的术语和表达都带有明显的目的论意义。然而,没有人认为它们真的与心理行为相对应[55,10]。雷克要求生物学的过程或关系不要从性质或者能力方面去推导。后者必须在部分的过程中去分析,而它们的相互反应必须被弄清楚。但是,他自己承认,在这种分析失败的地方——比如,在神经的兴奋性中——关于性质的观念是不可避免的,并且可能作为一种寻求相应过程的刺激的动力。在他的实验胚胎学(Entwickelungsmechanik)中,胡(Roux)不得不承认鸡蛋的某些性质或属性,使用了先成说和调节等观念,而且,胡的研究围绕着对发展的正常和非正常过程的因果解释来进行[55,11-12]。

另一方面,如果站在研究对象本身的角度来看,人们可能会发现(不仅在生物学中,同时也在物理学和化学中)物理-化学机械论的抱负有所后退。在任何情况下,对生物学现象的目的论是否应该被保留这样的问题,做出肯定回答的生理学家,不在少数,尤其是阿绍夫(Aschoff)、鲁巴什(Lubarsch)、齐恩(Ziehen)、比尔(Bier)、赫林(Hering)、R. 迈耶(R. Meyer)、拜茨克(Beitzke)、费舍尔(B. Fischer)、霍伊克(Hueck)、罗斯勒(Rœssle)、施瓦茨(Schwarz)。齐恩追问,比如说,就大脑严重的损伤而言,像在脊髓痨或者全身瘫痪中那样,在什么样的程度上它是一个破坏过程的问题,在什么样的程度上它是一个符合某种目的的防御性或恢复性过程的问题,即便这些过程没有实现这个目的[55,12–13]。我们必须提一提施瓦茨的论文《作为医学思想范畴的意义追寻》(«La recherche du sens comme catégorie de la pensée médicale»)。他把因果关系指定为一种物理学范畴——康德意义上的:"根据物理学,世界观念的确定,是通过把因果关系当作一种范畴,运用在一种可测量的、分散的、没有质量的物质上。"这种应用要限制在那样一种解体不可能发生的地方,限制在生物学中的对象显示出明显的统一性、个性和整体性的地方。在这里,有力的范畴是"意义"范畴。"意义,就是一种手段,我们借助它来认识我们思想中的结构,以及拥有形式这个事实;它是在观察者的意识中对结构的思考。"在意义的概念之上,施瓦茨还加上了目的的概念,尽管它属于另一种价值系统。然而它们在两个认识领域和发展中(它们由此发展出了共同的性质)具有相似的功能:"因而,我们理解了我们自己的组织(organisation)的意思,就在于它保存自我的倾向,而且,只有包含着意义的环境结构,允许我们看到其中的目的。因此,通过对目的的考虑,关于意义的抽象范畴被真正的生命所充满了。对目的的考虑(比如,作为一种启发方法)总是暂时性的,可以说是一种替代品,为的是等待对象的抽象意义变得可以让我们理解。"总之,在病理学中,看待事物的目的论方式,不再被当今大多数科学家投射到原则当中,然而,具有目的论意义的术语,仍然被人们无意中使用着[55,15–16]。当然,把生物学的目的纳入考虑范围决不能把研究与因果解释剥离开来。在这个意义上,康德的目的论概念总是有意义的。事实上,比如,切除肾上腺会引发死亡。宣称肾上腺对生命是必不可少的,是一种生物学的价值判断。它并不会减缓人们详细地追问获得一种有用的生物学结果的原因。然而,假设对肾上腺的作用进行完全的解释是可能的,目的论的判断(它承认肾上腺极端的必要性),仍然会保留其独立的价值,尤其是在考虑到其实际运用的时候。分析和综合构成了一体,而没有互相替代。**我们必须知道这两个概念之间的差别**[55,*17*]。确实,"目的论"这个术语,因为功利地使用某种超验性的意义,而被人们过多地指责;"目的的"(final)已经够好,但如果是阿绍夫所使用的"机体的"(organismique),就还要更好些,因为它清楚地表达了与整体的关联。这种表达方式很适合当代病理学的趋势。这种趋势就是,和在其他地方一样,在病理学中,把整个机体及其行为,再次放在首要的位置[55,*17*]。

毫无疑问,雷克并没有绝对地排斥这种考虑,但是,他确实想把它们从作为一种自然科学的病理学中完全排除,以便把它们丢回给自然哲学(他称之为生物学),或者对于它们的实际运用来说,丢回给医学。现在,这种观点准确地提出了这样一个问题,即这种区分本身是否有用。这一点似乎已经被毫无异议地否定了,而且,它似乎有些道理。因此,马尔尚写道:"因为事实上,就其研究对象来说,病理学并不仅仅是一门自然科学,它还有一项任务,就是为了实践医学而尽可能地利用自己的研究成果。"霍伊克参照马尔尚的观点说,这是不可能的,如果没有对雷克所拒绝的那个过程进行价值提升和目的论解释。让我们想想外科医生的问题。如果一位病理学家在完成了对一只肿瘤的活组织检查后,把自己的研究发现发给他,以回答知不知道肿瘤是恶性的还是良性的这个问题是一个哲学问题而不是一个病理学问题时,那他会说什么呢?雷克所提倡的劳动分工会带来什么好处?在很大的程度上,实践医学并不能够得到它可以作为基础的坚实的科学基础。因此,我们无法赞同霍尼曼(Honigmann)。他同意雷克关于病理学的看法,却拒绝医学实践者应用它。他得出结论说,生理学－病理学以及解剖学应该从医学院转到科学学院。其结果将会是,人们会指责医学变成了一种纯粹的思辨,**并剥夺了生理学－病理学的重要刺激动力**。鲁巴什采取了正确的立场。他说:"普通病理学和病理解剖学所面临的危险,主要在于这样的事实中,即它们会变得过于单方面的,过于孤立;它们和临床实践之间更密切的关系,而且是在病理学还未变成一门专业的时候就存在的关系,当然对它们两者都有更大的好处。"[55,*18*]

* * *

雷克的做法是,从频率的角度来定义生理状态,以及从可供我们考虑的机理和结构的稀有性来定义病态。毫无疑问,在这一过程中,雷克可以合理地认为,两者都必须依靠同样的探索性的、解释性的处理方式。既然我们并不认为必须承认统计学标准的有效性,我们就也不能承认病理学要完全向生理学看齐,变成一门**科学**,哪怕只是关于**病态**的科学。事实上,那些接受了把健康或者病态的生物学现象化约为一种统计学现象的人,似乎很快会承认这种化约中的一个假设,即用戈尔德斯坦引用的美因策(Mainzer)的话来说:"健康的生活和病态的生活之间没有什么区别。"[46,*267*]

在引用克劳德·贝尔纳的理论时,我们已经看到,在什么样的具体意义上,这样一个命题可以得到维持。然而,从生物学的角度，不能够承认生命在不同的状态之间有所区别，就意味着谴责自己甚至不会区分食物和排泄物。当然，一种生物的排泄物可以作为另一种生物的食物，但不能够作为它自己的食物。把食物和排泄物区分开来的，并非一种物理－化学事实，而是一种生物学价值。同样，把生理学的和病理学的区分开来的，并非物理－化学的客观事实，而是一种生物学价值。正如戈尔德斯坦所说，当我们开始认为疾病不是一个生物学范畴时，这就会让我们质疑我们出发的前提："怎么可以相信疾病和健康不应该是生物学的概念！如果我们暂时不考虑人身上的复杂环境，这一陈述对动物来说明显不合法。在动物身上，疾病常常会决定单个机体生存还是毁灭。想想疾病在未驯化动物，即未受到人类保护的动物的生活中，起了什么有害作用吧！如果生命科学被认为不能够理解疾病现象，人们就必须严重怀疑，如此被解释的一门科学的内在范畴，所具有的适当性和其中的真实性。"[46,267]

毫无疑问，雷克承认生物学价值，但他拒绝把价值引入科学研究的对象，而是把对这些价值的研究当成哲学的一部分。然而，人们很正确地——根据赫克斯海默的观点，甚至根据我们自己的观点——指责了他这种把生物学纳入了哲学中的做法。

因而，该如何解决这一困难呢：如果我们从非常客观的观点来看，生理学和病理学之间没有任何区别；如果我们要寻找两者之间在生物学价值方面的区别，我们是否离开了科学的根据？

我们建议把以下几点考虑作为解决方案的因素：

1. 从这个术语严格的意义上说，根据它在法语中的用法，研究某种对象的科学，只有在这种情况下才可能存在，即这种对象允许测量、因果解释，总之，也就是分析。每一种科学通过建立常数和变量而趋向于以测量的方式来确定。

2. 这种科学观点是一种抽象的观点,它表达了一种选择,因而也表达了一种忽视。寻找人类过去的经验,事实上就是忽略它可以为人类并通过人类接受什么样的价值。在科学之前,提升人生价值的,是技术、艺术、神话和宗教。在科学出现后,同样的这些功能仍然存在着,但它们与科学无可避免的冲突,应该用哲学来调节。这当然是关于价值的哲学。

3. 生命,在人类中,被引导着获取了相应的工具并产生了相应的欲望,去科学地确定什么是真实的。必须看到,确定什么是真实的这一雄心,扩展到了生命本身。生命变成了——事实上,它是历史性地变成这样的,而并非从来就是这样的——科学的一种对象。生命科学发现把生命当成了对象,因为它是活着的人的事业,也是一个对象。

4. 在试图确定真正决定生命现象的常数和变量的过程中,生理学真正所做的,是科学的工作。但在寻找这些常数的生命意义的过程中,在把某些确定为正常的、某些确定为病态的过程中,生理学家所做的,比科学的严格工作多得多——至少不比它少。他不再把生命仅仅看作一种和自身一致的存在,而是一种极化的运动。生理学家在不知不觉中,不再用一种冷漠的眼光来看待生命,一种物理学家研究物体的眼光;他是通过活着的质量来看待生命的,生命通过这种质量,自己也进入了某种意义中。

5. 事实上,生理学家的科学活动,不管他认为他在自己的实验室中多么独立和自主,仍然或多或少地,而且毫无疑问地,与医学活动保持着某种联系。可以引发而且已经引发了人们对生命的关注的,是生命的各种失败。所有的知识,都来自于对生命的失败的反思。这并不意味着科学是行动过程的秘诀,而是相反,科学的兴起是以行动的障碍为前提的。把健康和疾病这些范畴引入人类意识的,是生命本身。它是通过区分推进的行为和阻碍的行为来进行的。这些范畴在生物学上是技术性的、主观的,而不是科学的、客观的。人都喜欢健康,而不喜欢疾病。医师明确地站在人一边,他为生命服务,而在谈到正常和病态时,他所表达的,是生命的动态极性。生理学家通常也是医师、一个活着的人,而这就是生理学家把这一事实纳入其基本概念的原因,即尽管一个活着的人的功能呈现了对于科学家来说可以同样解释的各种形态,但这些形态并不因此对这个活着的人自己来说就是同等的。

* * *

总之,生理学和病理学之间的区别,已经拥有并且仅仅能够拥有一种临床学的重要性。这就是为什么,与当下所有的医疗习惯相反,我们要提出,病变器官、病变组织和病变细胞这些提法,在医学上是不正确的。

疾病,对一个具体的单个的生命而言,就其与环境的极化行为关系来说,是一种具有负面价值的行为。在这个意义上,不仅对人来说——尽管病态的或者疾病这些术语,通过它们与痛苦(pathos)或恶(mal)的关系,暗示着,这些观念以过去的人类经验为基础,随着同情心的减弱,被并运用到了所有的生物体上——而且对每一个生物体来说,只存在着整个机体的疾病,存在着犬类的疾病、蜜蜂的疾病。

既然解剖学和生理学的分析把机体分解为了器官和基本功能,它倾向于把疾病放在整个结构或者行为的解剖学和生理学环境的层面上。随着分析的精细程度的增加,疾病被放在了器官的层面上——这是莫干尼的做法——被放在组织层面上——这是比沙的做法——被放在细胞层面上,这是魏尔啸的做法。然而,在这一过程中,我们忘了,在历史上、在逻辑上、在组织学上,我们是通过从整个机体开始回溯,才抵达细胞的;而思想,至少是目光,总是被引向它。整个机体对病人,以及随后对医师,所提出的问题,其解决方式,被人们在组织或者细胞中寻求着。在细胞的层面上寻找疾病,就是把具体生活的层面(在这里,生物极性区分了健康和疾病)和抽象科学的层面(在这里,这个问题有了解决办法)混淆起来。我们并不是说一只细胞不会生病,如果我们所说的细胞是一个整体的活物的话,比如一个单细胞生物。我们的意思是,生物的疾病并不存在于机体的某一部分。我们当然可以说一个白细胞生病了,正如一个人有权把白细胞放到与网状内皮系统和链接系统的关系之外来考虑。但是,在这种情况下,白细胞被看作了一个器官,而且,最好看作对环境而言处于防御和反应状态的一个机体。事实上,这里提出了个性(individualité)的问题。同样的生物学事实,既可以被看作是一部分,也可以看作是一个整体。我们建议,把它当作一个整体,才可以被称作有病的或没病的。

今天,某些解剖学家或生理学家可以说肾脏的或者肺部的或者脾脏的细胞是有病的,或者生了某种病。他们或许从未踏进医院或者临床诊所。他们这么说,仅仅因为这些细胞,是实习医师、临床医生和临床学家昨天,或者一百年前——这都无关紧要——

从一个他们从未观察过其行为的人的尸体或者被切除的器官上移除的,或者与移除的细胞类似。这是事实,以至于莫干尼,作为病理解剖学的创始人,在他最重要的著作的开头写给外科医生特鲁(Trew)的优美的书信中,清楚地指出,解剖学-病理学探索,不得不常常正式提到对正常人的解剖,而且,很明显地,首先,还提到临床经验[85]。魏尔啸在与法国的显微摄影师们就癌症因素的具体特征所进行的那场著名的讨论中,曾求助于韦尔波(Velpeau)。魏尔啸自己宣称,如果显微镜能够为临床实践服务,那么,是临床实践开发了显微镜的用处[116]。确实,魏尔啸在别的地方以极大的明晰性提出了部分疾病的理论。我们前面的分析试图反驳过这一理论。他在1895年不是说过这样的话吗:"我认为,疾病的实质在于,机体的某个被改变的部分,或者一个被改变的细胞,或者一群被改变的细胞(或者组织,或者器官)……事实上,身体的每一个生病的部分,与它所属的整个健康的身体的其他部分,是一种寄生关系,而且,它的生存,是以耗费整个机体为代价的。"[23,569]今天,似乎这种原子论的病理学已经被放弃了,而且,疾病更多地被看作是任何有机的东西对来自某种因素的攻击的反应,而不是助长了这种因素。魏尔啸的细胞病理学在德国的一大反对者,正是雷克。[1] 他所说的"关系病理学",正是这样一种观点,即疾病并不存在于想象中独立的细胞的层面上,而

---

[1] 在苏联,则是 A.-D. Speransky,见《医学理论基础》(*Fondements de la théorie de la médecine*), 1934(1936 年英译本,1950 年德译本)。参见 Jean Starobinski 的研究《一个关于疾病的神经性起源的苏联理论》(«Une théorie soviétique de l'origne nerveuse des maladies»), *Critique*, nº 47, 1951:4.

是首先由细胞与血液和神经系统(即让机体作为一个整体运作的内部环境和相应的器官)之间的关系决定的[55,19]。雷克的病理学理论对赫克斯海默以及其他人来说,似乎是有疑问的,但这并不重要。有趣的是他的攻击中所包含的精神。总之,当我们谈到客观的病理学的时候,当我们认为解剖学的和组织学的观察、生理学的实验,以及细菌学的检查是可以让疾病诊断具有科学依据——甚至,在某些人看来,在所有的临床调查和探索缺席时——-的方法时,在我们看来,我们成了这种从哲学上来说最为严重、从治疗学上来说有时候也是最为危险的混乱的牺牲品。显微镜、体温计、肉汤培养液,并不知道医师们所不了解的医学。它们只是给出一个结果。这种结果本身并没有诊断方面的价值。为了能够诊断,必须观察病人的行为。因此,人们会发现,一个在咽头感染了白喉杆菌的人,并没有患白喉病。另一方面,对另一个人来说,一个彻底的、非常精确的临床检查,虽然让人想到霍奇金病(une maladie de Hodgkin),而对活组织的病理解剖学检查,却会发现甲状腺肿瘤的存在。

在病理学方面,从历史的角度来说的第一个词,以及从逻辑的角度来说的最后一个词,都归于临床实践。临床实践不是,而且永远不会成为一门科学,即便它所使用的方法的有效性,越来越得到了科学的保障。临床实践并未与治疗学分开,而治疗学是一种重建或者恢复正常的技术。其最终目的,即主观上对建立一套标准的满意,逃离了客观知识的管辖。在科学上,人们不会把一些标准指定给生命。但是,生命是与环境进行的一种极化的冲突行为。它是否会感到正常,取决于它是否感觉到自己处于一种标准化的位置。医师是站在生命一边的。科学帮助他完成了由这一选择引发的使命。医生是病人招来的。[1] 正是这种悲哀的召唤的反响,把医学技术用来帮助生命的所有科学,变成了病理学的。因此,结果就变成了,存在着一种病理解剖学、一种病理生理学、一种病理组织学、一种病理胚胎学。但是,它们的病理学性质,为技术方面以及主观方面的源头提供了入口。客观的病理学是不存在的。结构和行为可以被客观地描述,但是,它们不能够按照某些纯客观的标准条款而被称作"病态的"。客观地说,如果没有正面的或者负面的生命价值,人们所能定义的就只有变化或者差异。

---

[1] 很容易理解,这里并不涉及精神疾病。在精神疾病中,通过疾病而对其状态产生的错误认识,通常构成了疾病的实质方面。

结 论

在第一部分,我们考察了病理学的历史起源,并分析了它的原则的各种逻辑含义。根据这条经常被提起的原则,在生物体上,疾病状态仅仅是生理现象(它定义了相应功能的正常状态)的量变。我们认为,我们界定了这种原则的狭隘性和不完整性。在讨论过程中,并在案例的帮助下,我们认为,我们提出了一些批评性的观点,来支持关于方法和信条的建议。它构成了第二部分的对象。我们对之有如下总结:

正是通过参照生命的动态极性,才能把一些类型和功能称为正常的。如果生物学标准存在,那是因为生命,不仅作为环境中的主体,而且作为自我环境的一种机制,不仅在环境中,而且在自己的机体中,提出了价值标准。这就是我们所说的生物学标准化。

病态状态可以被称为正常的,这并不荒谬,因为它表现了一种与生命的标准化的关系。但是,同样并不荒谬的是,这种正常,不能够被认为与正常的生理状态是一致的,因为它所涉及的是另外一些标准。没有正常状态,非正常就不是非正常了。没有生命标准,就不会存在任何生命,而疾病状态总是某种活着的方式。

生理状态就是健康状态,而不仅仅是正常状态。正是这种状态，允许向新的标准过渡。一个人是健康的，只要他相对环境的波动变化来说是标准的。在我们看来，生理常数，在所有可能的生命常数中，具有一种推进性的价值。另一方面，病态状态表明生物体所容忍的生命标准被降低了，同时，疾病给正常带来了不稳定。病态常数具有一种相斥的，严格来说，保守的价值。

治愈是生理标准的稳定性状态重新获得了胜利。当这种稳定性或多或少地受到偶然变化的影响时，它就更接近健康或者疾病。不管怎样，没有任何一种治愈，是回到生物的纯净状态。被治愈，就是被给予新的生命标准，有时候是高于旧标准的标准。生物的标准性具有不可逆性。

标准的定义，是一种创造性的定义。它在生理学中，最不能够被降格为可以用科学方法来决定的客观定义。严格来说，并不存在关于正常的生物学。存在着一种研究生物处境和所谓的正常环境的科学。这种科学就是生理学。

"正常"这种价值，被赋予了生理学科学地确定其内容的那些常数，表达了生命科学与生命的标准化活动之间的关系，而且，就人类生命科学来说，表达了它与产生和建立正常所采用的生物技术，更具体来说，就是医学之间的关系。

它与医学的关系，和与所有其他技术的关系是一样的。它是一种活动，根植于人类试图统治环境并按照自己作为一种生物的价值标准来组织环境的本能性努力中。正是在其本能性的努力中，医学找到了自身的意义，首先除了那些使它显得无懈可击的批评性阐释外。这就是医学，在自身并不是一门科学的情况下，使用一切科学的成果来为生命的标准服务的原因。

因而，首先是因为人类感到病了，医学才会存在。其次才是人类因为医学的存在，知道自己为什么病了。

每一个关于疾病的经验主义的定义，都与关于疾病的价值论定义保持着关系。因此，它不是一种可以把被考虑的生物现象定性为病态的客观方法。通常，总是通过临床实践的中介作用而与个体病人产生的关系，决定了对病态的定性的合法性。尽管承认客观的观察和分析方法在病理学中的重要性，我们似乎也不能够以任何正确的逻辑性来谈论"客观的病理学"。当然，病理学可以是有系统的、批评性的，并以实验的方法予以佐证。在医师们将之付诸实践的时候，它可以被称为客观的。但是，如果生理学家的对象是被清空了主体性的物质，他的抱负也就不会产生了。一个人可以客观地，也就是毫无偏倚地，进行研究。其研究对象，却不能在没有与某种正面的或者负面的定性相联系的情况下，被构想或者建立起来；因此，这个对象，与其说是一个事实，不如说是一种价值。

参考文献

Dans le texte, les références entre crochets comportent deux groupes de chiffres : le premier renvoie aux ouvrages ci-dessous numérotés ; le second, en italique, aux tomes, pages ou articles de ces ouvrages.

[1] ABELOUS (J.-E.), Introduction à l'étude des sécrétions internes, *Traité de physiologie normale et pathologique*, t. IV, Paris, Masson, 1939, 2ᵉ éd.

[2] AMBARD (L.), La biologie, *Histoire du monde*, publiée sous la direction de E. Cavaignac, t. XIII, Vᵉ partie, Paris, de Boccard, 1930.

[3] BÉGIN (L.-J.), *Principes généraux de physiologie pathologique coordonnés d'après la doctrine de M. Broussais*, Paris, Méquignon-Marvis, 1821.

[4] BERNARD (Cl.), *Leçons de physiologie expérimentale appliquée à la médecine*, 2 vol., Paris, J.-B. Baillière, 1855-56.

[5] — *Leçons sur les propriétés physiologiques et les altérations pathologiques des liquides de l'organisme*, 2 vol., Paris, J.-B. Baillière, 1859.

[6] — *Introduction à l'étude de la médecine expérimentale*, Paris, J.-B. Baillière, 1865.

[7] — *Rapport sur les progrès et la marche de la physiologie générale en France*, Paris, Imprimerie impériale, 1867.

[8] — *Leçons sur la chaleur animale*, Paris, J.-B. Baillière, 1876.

[9] — *Leçons sur le diabète et la glycogenèse animale*, Paris, J.-B. Baillière, 1877.

[10] — *Leçons sur les phénomènes de la vie communs aux animaux et aux végétaux*, 2 vol., Paris, J.-B. Baillière, 1878-79.

[11] — *Philosophie* (Manuscrit inédit), Paris, Boivin, 1938.

[12] BICHAT (X.), *Recherches sur la vie et la mort*, Paris, Béchet, 1800, 4ᵉ éd., augmentée de notes par Magendie, 1822.

[13] — *Anatomie générale appliquée à la physiologie et à la médecine*, Paris, Brosson & Chaudé, 1801, nouv. éd. par Béclard, 1821.

[13 bis] De BLAINVILLE (C.), *Histoire des Sciences de l'organisation et de leurs progrès comme base de la philosophie*, Paris, Périssé, 1845. (Dans le t. II voir HALLER ; dans le t. III, voir PINEL, BICHAT, BROUSSAIS.)

[14] BOINET (E.), *Les doctrines médicales. Leur évolution*, Paris, Flammarion, s. d.

[15] BORDET (J.), La résistance aux maladies, *Encyclopédie française*, t. VI, 1936.
[16] BOUNOURE (L.), *L'origine des cellules reproductrices et le problème de la lignée germinale*, Paris, Gauthier-Villars, 1939.
[17] BROSSE (Th.), L'énergie consciente, facteur de régulation psychophysiologique, dans l'*Evolution psychiatrique*, 1938, n° 1. (Voir aussi à LAUBRY et BROSSE [70].)
[18] BROUSSAIS (F.-J.-V.), *Traité de physiologie appliquée à la pathologie*, 2 vol., Paris, Mlle Delaunay, 1822-23.
[19] *Catéchisme de la médecine physiologique*, Paris, Mlle Delaunay, 1824.
[20] — *De l'irritation et de la folie*, Paris, Mlle Delaunay, 1828.
[21] BROWN (J.), *Eléments de médecine*, 1780, trad. fr. FOUQUIER, comprenant la Table de Lynch, Paris, Demonville-Gabon, 1805.
[22] CASSIRER (E.), Pathologie de la Conscience symbolique, dans *Journal de psychologie*, 1929, p. 289 et 523.
[23] CASTIGLIONI (A.), *Histoire de la Médecine*, trad. fr., Paris, Payot, 1931.
[24] CAULLERY (M.), *Le problème de l'Evolution*, Paris, Payot, 1931.
[25] CHABANIER (H.) et LOBO-ONELL (C.), *Précis du diabète*, Paris, Masson, 1931.
[26] COMTE (A.), *Examen du Traité de Broussais sur l'irritation*, 1828, appendice au *Système de politique positive* (cf. 28), t. IV, p. 216.
[27] — Cours de philosophie positive : 40ᵉ leçon. *Considérations philosophiques sur l'ensemble de la science biologique*, 1838, Paris, éd. Schleicher, t. III, 1908.
[28] — *Système de politique positive*, 4 vol., Paris, Crès, 1851-54, 4ᵉ éd., 1912.
[29] DAREMBERG (Ch.), *La médecine, histoire et doctrines*, Paris, J.-B. Baillière, 2ᵉ éd., 1865, « De la maladie », p. 305.
[30] — *Histoire des sciences médicales*, 2 vol., Paris, J.-B. Baillière, 1870.
[31] DÉJERINE (J.), *Sémiologie des affections du système nerveux*, Paris, Masson, 1914.
[32] DELBET (P.), Sciences médicales, dans *De la méthode dans les sciences*, I, par Bouasse, Delbet, etc., Paris, Alcan, 1909.
[33] DELMAS-MARSALET (P.), *L'électrochoc thérapeutique et la dissolution-reconstruction*, Paris, J.-B. Baillière, 1943.
[34] DONALD C. KING (M.), *Influence de la physiologie sur la littérature française de 1670 à 1870*, thèse lettres, Paris, 1929.
[35] DUBOIS (R.), *Physiologie générale et comparée*, Paris, Carré & Naud, 1898.
[36] DUCLAUX (J.), *L'analyse physico-chimique des fonctions vitales*, Paris, Hermann, 1934.
[37] DUGAS (L.), *Le philosophe Théodule Ribot*, Paris, Payot, 1924.
[38] EY (H.) et ROUART (J.), Essai d'application des principes de Jackson à une conception dynamique de la neuro-psychiatrie, dans l'*Encéphale*, mai-août 1936.

[39] FLOURENS (P.), *De la longévité humaine et de la quantité de vie sur le globe*, Paris, Garnier, 1854, 2ᵉ éd., 1855.
[40] FRÉDÉRICQ (H.), *Traité élémentaire de physiologie humaine*, Paris, Masson, 1942.
[41] GALLAIS (F.), Alcaptonurie, dans *Maladies de la nutrition, Encyclopédie médico-chirurgicale*, 1936, 1ʳᵉ éd.
[42] GENTY (V.), *Un grand biologiste : Charles Robin, sa vie, ses amitiés philosophiques et littéraires*, thèse médecine, Lyon, 1931.
[43] GEOFFROY SAINT-HILAIRE (I.), *Histoire générale et particulière des anomalies de l'organisation chez l'homme et les animaux*, 3 vol. et 1 atlas, Paris, J.-B. Baillière, 1832.
[44] GLEY (E.), Influence du positivisme sur le développement des sciences biologiques en France, dans *Annales internationales d'histoire*, Paris, Colin, 1901.
[45] GOLDSTEIN (K.), L'analyse de l'aphasie et l'étude de l'essence du langage, dans *Journal de Psychologie*, 1933, p. 430.
[46] — *Der Aufbau des Organismus*, La Haye, Nijhoff, 1934.
[47] GOUHIER (H.), *La jeunesse d'A. Comte et la formation du positivisme : III, A. Comte et Saint-Simon*, Paris, Vrin, 1941.
[48] GUARDIA (J.-M.), *Histoire de la médecine d'Hippocrate à Broussais et ses successeurs*, Paris, Doin, 1884.
[49] GURWITSCH (A.), Le fonctionnement de l'organisme d'après K. Goldstein, dans *Journal de Psychologie*, 1939, p. 107.
[50] — La science biologique d'après K. Goldstein, dans *Revue philosophique*, 1940, p. 244.
[51] GUYÉNOT (E.), *La variation et l'évolution*, 2 vol., Paris, Doin, 1930.
[52] — La vie comme invention, dans *L'Invention*, 9ᵉ semaine internationale de synthèse, Paris, Alcan, 1938.
[53] HALBWACHS (M.), *La théorie de l'homme moyen : essai sur Quêtelet et la statistique morale*, thèse lettres, Paris, 1912.
[53 bis] HALLION (L.) et GAYET (R.), La régulation neuro-hormonale de la glycémie, dans *Les Régulations hormonales en biologie, clinique et thérapeutique*, Paris, J.-B. Baillière, 1937.
[54] HÉDON (L.), et LOUBATIÈRES (A.), Le diabète expérimental de Young et le rôle de l'hypophyse dans la pathogénie du diabète sucré, dans *Biologie médicale*, mars-avril 1942.
[55] HERXHEIMER (G.), *Krankheitslehre der Gegenwart. Strœmungen und Forschungen in der Pathologie seit 1914*, Dresde-Leipzig, Steinkopff, 1927.
[56] HOVASSE (R.), Transformisme et fixisme : Comment concevoir l'évolution ?, dans *Revue médicale de France*, janvier-février 1943.
[57] JACCOUD (S.), *Leçons de clinique médicale faites à l'Hôpital de la Charité*, Paris, Delahaye, 1867.
[58] — *Traité de pathologie interne*, t. III, Paris, Delahaye, 1883, 7ᵉ éd.
[59] JASPERS (K.), *Psychopathologie générale*, trad. fr., nouv. éd., Paris, Alcan, 1933.

[60] KAYSER (Ch.) (avec GINGLINGER A.), Etablissement de la thermorégulation chez les homéothermes au cours du développement, dans *Annales de Physiologie*, 1929, t. V, n° 4.
[61] — (avec BURCKARDT E. et DONTCHEFF L.), Le rythme nycthéméral chez le Pigeon, dans *Annales de Physiologie*, 1933, t. IX, n° 2.
[62] — (avec DONTCHEFF L.), Le rythme saisonnier du métabolisme de base chez le pigeon en fonction de la température moyenne du milieu, dans *Annales de Physiologie*, 1934, t. X, n° 2.
[63] — (avec DONTCHEFF L. et REISS P.), Le rythme nycthéméral de la production de chaleur chez le pigeon et ses rapports avec l'excitabilité des centres thermorégulateurs, dans *Annales de Physiologie*, 1935, t. XI, n° 5.
[63 bis] — Les réflexes, dans *Conférences de physiologie médicale sur des sujets d'actualité*, Paris, Masson, 1933.
[64] KLEIN (M.), *Histoire des origines de la théorie cellulaire*, Paris, Hermann, 1936. (Voir aussi à WEISS et KLEIN [119].)
[65] LABBÉ (M.), Etiologie des maladies de la nutrition, dans *Maladies de la nutrition, Encyclopédie médico-chirurgicale*, 1936, 1re éd.
[66] LAGACHE (D.), La méthode pathologique, *Encyclopédie française*, t. VIII, 1938.
[67] LALANDE (A.), *Vocabulaire technique et critique de la philosophie*, 2 vol. et 1 suppl., Paris, Alcan, 1938, 4e éd.
[68] LAMY (P.), *L'Introduction à l'étude de la Médecine expérimentale. Claude Bernard, le Naturalisme et le Positivisme*, Thèse lettres, Paris, 1928.
[69] — *Claude Bernard et le matérialisme*, Paris, Alcan, 1939.
[70] LAUBRY (Ch.) et BROSSE (Th.), Documents recueillis aux Indes sur les « Yoguis » par l'enregistrement simultané du pouls, de la respiration et de l'électrocardiogramme, dans *La Presse médicale*, 14 oct. 1936.
[71] LAUGIER (H.), L'homme normal, *Encyclopédie française*, t. IV, 1937.
[72] LERICHE (R.), Recherches et réflexions critiques sur la douleur, dans *La Presse médicale*, 3 janv. 1931.
[73] — Introduction générale ; De la Santé à la Maladie ; La douleur dans les maladies ; Où va la médecine ? *Encyclopédie française*, t. VI, 1936.
[74] — *La chirurgie de la douleur*, Paris, Masson, 1937, 2e éd., 1940.
[75] — Neurochirurgie de la douleur, dans *Revue neurologique*, juillet 1937.
[76] — *Physiologie et pathologie du tissu osseux*, Paris, Masson, 1939.
[76 bis] LEFROU (G.), *Le Noir d'Afrique*, Paris, Payot, 1943.
[77] L'HÉRITIER (Ph.) et TEISSIER (G.), Discussion du Rapport de J.-B. S. Haldane : L'analyse génétique des populations naturelles, dans *Congrès du Palais de la Découverte*, 1937 : *VIII, Biologie*, Paris, Hermann, 1938.
[78] LITTRÉ (E.), *Médecine et médecins*, Paris, Didier, 1872, 2e éd.
[79] LITTRÉ (E.) et ROBIN (Ch.), *Dictionnaire de médecine, chirurgie,*

pharmacie, de l'art vétérinaire et des sciences qui s'y rapportent, Paris, J.-B. Baillière, 1873, 13ᵉ éd. entièrement refondue.
- [80] MARQUEZY (R.-A.) et LADET (M.), Le syndrome malin au cours des toxi-infections. Le rôle du système neuro-végétatif, *Xᵉ Congrès des Pédiatres de Langue française*, Paris, Masson, 1938.
- [81] MAURIAC (P.), *Claude Bernard*, Paris, Grasset, 1940.
- [82] MAYER (A.), L'organisme normal et la mesure du fonctionnement, *Encyclopédie française*, t. IV, Paris, 1937.
- [83] MIGNET (M.), Broussais, dans *Notices et portraits historiques et littéraires*, t. I, Paris, Charpentier, 1854, 3ᵉ éd.
- [84] MINKOWSKI (E.), A la recherche de la norme en psychopathologie, dans l'*Evolution psychiatrique*, 1938, n° 1.
- [85] MORGAGNI (A.), *Recherches anatomiques sur le siège et les causes des maladies*, t. I, *Epitre dédicatoire du 31 août 1760*, trad. fr. de DESORMEAUX et DESTOUET, Paris, Caille & Ravier, 1820.
- [86] MOURGUE (R.), La philosophie biologique d'A. Comte, dans *Archives d'anthropologie criminelle et de médecine légale*, oct.-nov.-déc. 1909.
- [87] — La méthode d'étude des affections du langage d'après Hughlings Jackson, dans *Journal de Psychologie*, 1921, p. 752.
- [88] NÉLATON (A.), *Eléments de pathologie chirurgicale*, 2 vol., Paris, Germer-Baillière, 1847-48.
- [89] NEUVILLE (H.), Problèmes de races, problèmes vivants ; Les phénomènes biologiques et la race ; Caractères somatiques, leur répartition dans l'humanité, *Encyclopédie française*, t. VII, 1936.
- [90] NOLF (P.), *Notions de physiopathologie humaine*, Paris, Masson, 1942, 4ᵉ éd.
- [91] OMBREDANE (A.), Les usages du langage, dans *Mélanges Pierre Janet*, Paris, d'Artrey, 1939.
- [92] PALES (L.), *Etat actuel de la paléopathologie. Contribution à l'étude de la pathologie comparative*, thèse médecine, Bordeaux, 1929.
- [92 bis] PALES et MONGLOND, Le taux de la glycémie chez les Noirs en A.E.F. et ses variations avec les états pathologiques, dans *La Presse médicale*, 13 mai 1934.
- [93] PASTEUR (L.), Claude Bernard. Idée de l'importance de ses travaux, de son enseignement et de sa méthode, dans *Le Moniteur universel*, nov. 1866.
- [94] PORAK (R.), *Introduction à l'étude du début des maladies*, Paris, Doin, 1935.
- [95] PRUS (V.), *De l'irritation et de la phlegmasie, ou nouvelle doctrine médicale*, Paris, Panckoucke, 1825.
- [96] QUÊTELET (A.), *Anthropométrie ou mesure des différentes facultés de l'homme*, Bruxelles, Muquardt, 1871.
- [97] RABAUD (E.), La tératologie dans *Traité de Physiologie normale et pathologique*, t. XI, Paris, Masson, 1927.
- [98] RATHERY (F.), *Quelques idées premières (ou soi-disant telles) sur les Maladies de la nutrition*, Paris, Masson, 1940.

[99] RENAN (E.), *L'avenir de la science, Pensées de 1848* (1890), Paris, Calmann-Lévy, nouv. éd., 1923.
[100] RIBOT (Th.), Psychologie, dans *De la méthode dans les sciences, I*, par BOUASSE, DELBET, etc., Paris, Alcan, 1909.
[101] RŒDERER (C.), Le procès de la sacralisation, dans *Bulletins et mémoires de la Société de Médecine de Paris*, 12 mars 1936.
[102] ROSTAND (J.), *Claude Bernard. Morceaux choisis*, Paris, Gallimard, 1938.
[103] — *Hommes de Vérité : Pasteur, Cl. Bernard, Fontenelle, La Rochefoucauld*, Paris, Stock, 1942.
[104] SCHWARTZ (A.), L'anaphylaxie, dans *Conférences de physiologie médicale sur des sujets d'actualité*, Paris, Masson, 1935.
[105] — Le sommeil et les hypnotiques, dans *Problèmes physio-pathologiques d'actualité*, Paris, Masson, 1939.
[106] SENDRAIL (M.), *L'homme et ses maux*, Toulouse, Privat, 1942 ; reproduit dans la *Revue des Deux Mondes*, 15 janv. 1943.
[107] SIGERIST (H.-E.), *Introduction à la médecine*, trad. fr., Paris, Payot, 1932.
[108] SINGER (Ch.), *Histoire de la biologie*, trad. fr., Paris, Payot, 1934.
[109] SORRE (M.), *Les fondements biologiques de la géographie humaine*, Paris, Colin, 1943.
[110] STROHL (J.), Albrecht von Haller (1708-1777). Gedenkschrift, 1938, in *XVIe Internat. Physiologen-Kongress*, Zürich.
[111] TEISSIER (G.), Intervention, dans *Une controverse sur l'évolution. Revue trimestrielle de l'Encyclopédie française*, n° 3, 2e trimestre 1938.
[112] TOURNADE (A.), Les glandes surrénales, dans *Traité de physiologie normale et pathologique*, t. IV, Paris, Masson, 1939, 2e éd.
[113] VALLOIS (R.-J.), Les maladies de l'homme préhistorique, dans *Revue scientifique*, 27 oct. 1934.
[114] VANDEL (A.), L'évolution du monde animal et l'avenir de la race humaine, dans *La science et la vie*, août 1942.
[115] VENDRYÈS (P.), *Vie et probabilité*, Paris, A. Michel, 1942.
[116] VIRCHOW (R.), Opinion sur la valeur du microscope, dans *Gazette hebdomadaire de médecine et de chirurgie*, t. II, 16 févr. 1855, Paris, Masson.
[117] — *La pathologie cellulaire*, trad. fr. PICARD, Paris, J.-B. Baillière, 1861.
[118] WEISS (A.-G.), et WARTER (J.), Du rôle primordial joué par le neurogliome dans l'évolution des blessures des nerfs, dans *La Presse médicale*, 13 mars 1943.
[119] WEISS (A.-G.) et KLEIN (M.), Physiopathologie et histologie des neurogliomes d'amputation, 1943, *Archives de Physique biologique*, t. XVII, suppl. n° 62.
[120] WOLFF (E.), *Les bases de la tératogenèse expérimentale des vertébrés amniotes d'après les résultats de méthodes directes*, thèse Sciences, Strasbourg, 1936.

人名索引

阿伯卢斯 Abelous 140

阿狄森 Addison 140

达朗贝尔 Alembert(d') 19

安布罗索里 Ambrossoli 37

亚里士多德 Aristote 49,59,78

培根 Bacon 13

班廷 Banting 44

拜茨克 Beitzke 145

本尼迪克特 Benedict 105,113,115

柏格森 Bergson 80,90

贝尔纳 Bernard(Cl.) 14－17,29,32,51,55,58－60,61－67,91,93,96,97,106,122,132,138,142,148

贝斯特 Best 44

比亚索蒂 Biasotti 44

比沙 Bichat 26,29－34,40,78,96,116,151

比尔 Bier 145

布兰威尔 Blainville(de) 31

布朗德尔　Blondel(Ch.)　69

伯德克　Bœdeker　42

博尔德　Bordet(J.)　86

布尔　Boule　113

邦诺　Bounoure　89

布罗斯　Brosse(Th.)　106, 107, 109

布鲁塞　Broussais　14, 17, 18 −31, 39, 61, 63, 67, 92

布朗　Brown　19, 26 −29

布朗－塞卡　Brown-Séquard　32, 140

布伦士维格　Brunschvicg(L.)　9

布冯　Buffon　102, 103

加农　Cannon　119

卡希尔　Cassirer　123, 124

卡勒里　Caullery　89

沙巴尼耶　Chabanier　43

舍瓦利耶　Chevalier(J.)　32

谢弗勒尔　Chevreul　32

孔德　Comte(A.)　14 −26, 29, 30, 31, 32, 39, 40, 58, 59, 64, 79, 122, 132

卡伦　Cullen　26

达伦姆贝格　Daremberg(Ch.)　13, 17, 27, 28

达尔文　Darwin　89, 90

德热里纳　Déjerine　141

德尔贝　Delbet　143

德尔马斯－马沙雷　Delmas-Marsalet　125

笛卡儿　Descartes　79

唐纳－金　Donald-King　16

东切夫　Dontcheff　114

杜布瓦　Dubois(R.)　135

杜克劳　Duclaux(J.)　39

杜加　L. Dugas　16

杜马　Dumas(G.)　140

杜马　Dumas(J.-B.)　38

艾克曼　Eijkmann　105

艾　Ey(H.)　72, 123, 124

费舍尔　Fischer(B.)　145

弗洛伦斯　Flourens(P.)　102, 103

弗尔斯特　Foerster　127

弗莱德立克　Frédéricq(H.)　35

伽利略　Galileo　79, 137

高尔顿　Galton　99

乔弗瓦·圣－伊莱尔　Geoffroy Saint-Hilaire(I.)　13, 81－84, 89, 141

格莱　Gley(E.)　32

格利森　Glisson　26

戈尔德斯坦　Goldstein　48, 72, 118－124, 125, 126, 128,

129,131,132,136,141,148

居耶诺　Guyénot　80,89

哈布瓦赫　Halbwachs　99,101,103,104

哈勒　Haller　13,26

哈维　Harvey　13,136

奥赛　Houssay　44

赫德　Head　48　122

埃东　Hédon(L.)　44

黑格尔　Hegel　66

赫林　Hering　145

赫克斯海默　Herxheimer　143,144,149,152

霍尼曼　Honigmann　147

霍伊克　Hueck　145,147

雅库　Jaccoud　36

杰克逊　Jackson(H.)　48,122−125

雅斯贝尔斯　Jaspers(K.)　70,74

凯塞　Kayser(Ch.)　114−115,129

克莱因　Klein(M.)　15,127

科赫　Koch　141,142

拉比　Labbé(M.)　109

拉加什　Lagache　69−71

拉盖斯　Laguesse　44

拉朗德　Lalande(A.)　76，81

拉米　Lamy（P.）　16，33，38

拉普拉斯　Laplace　65

劳伯利　Laubry　106，107，109

劳吉尔　Laugier　98，118

拉瓦锡　Lavoisier　39，65

勒弗鲁　Lefrou　111

勒利希　Leriche(R.)　17，52－59，63，72，86，126，127，128，130，139，141

莱里蒂埃　L'Héritier　89

李比希　Liebig　38

林哈德　Lindhard　115

利特雷　Littré　15，17，30，76，81

罗伯－奥尼尔　Lobo-Onell　43

卢巴蒂埃　Loubatières　44

鲁巴什　Lubarsch　145　147

卢萨那　Lussana　37

林奇　Lynch(S.)　28

马让迪　Magendie　30，32，65，93

美因策　Mainzer　148

马尔尚　Marchand　145，147

马凡　Marfan　142

迈尔　Mayer(A.)　98，106

梅林　Mering(von)　44，94，130

梅洛－庞蒂　Merleau-Ponty　122

梅契尼科夫　Metchnikoff　103

迈耶　Meyer(R.)　145

闵科夫斯基　Minkowski(E.)　69，71，72

莫里哀　Molière　41

蒙格隆　Monglond　111

孟德斯鸠　Montesquieu　140

穆迪　Moodie(R. C.)　112

莫干尼　Morgagni　13，151

莫索　Mosso　115

姆尔格　Mourgue　123

孟斯特伯格　Münsterberg　144

纳热奥特　Nageotte　126

瑙纽　Naunyn　140

内维尔　Naville(E.)　139

奈拉通　Nélaton　120

牛顿　Newton　19

尼科勒　Nicolle(Ch.)　47

尼采　Nietzsche　16

诺尔夫　Nolf　35

翁布雷丹　Ombredane(A.)　123

奥尔菲拉　Orfila　93

奥斯本　Osborne　115

奥佐利奥·德·阿尔梅达　Ozorio de Almeida　105

帕莱　Pales　111－113

帕拉塞尔苏斯　Paracelse　61

巴斯德　Pasteur　38, 47

佩维　Pavy　36

彼得斯　Peters　145

皮克　Pick(A.)　123

毕埃隆　Piéron　115

比奈尔　Pinel　13, 18

皮尔凯　Pirquet(von)　142

柏拉图　Platon　14, 30

波拉克　Porak　107, 108, 109

普鲁斯　Prus(V.)　63, 92

凯特勒　Quêtelet　99－105

哈宝　Rabaud　85

拉特里　Rathery　44

赖宁格　Reininger　117

勒南　Renan　15, 16

里博　Ribot　16, 70, 71

赫希昂　Richerand　15

罗斯勒　Rœssle　145

雷克　Ricker　143，144，145，147，149，152

里克尔特　Rickert　144

罗宾　Robin(Ch.)　15，17，30，32，76，81

罗曼　Romains(J.)　41

鲁阿特　Rouart　123，124

胡　Roux(W.)　145

圣西门　Saint-Simon（H. de）　18

施瓦茨　Schwartz(A.)　47，94，139

施瓦茨　Schwarz　145，146

桑德拉伊　Sendrail　86

谢灵顿　Sherrington　48

西格里斯特　Sigerist　11，14，22，61，72，118，136，138，140

索尔　Sorre　105，110

苏拉　Soula　45

斯塔尔　Stahl　61

西德纳姆　Sydenham　13

泰纳　Taine　15

特伊西尔　Teissier(G.)　79，89，90，104

蒂博代　Thibaudet　106

图卢兹　Toulouse　115

图尔纳德　Tournade　140

特鲁　Trew　151

特鲁索　Trousseau　15

瓦莱里　Valéry　87，133
瓦洛瓦　Vallois　112
海尔蒙　Van Helmont　61
沃夫纳格　Vauvenargues　122
韦尔波　Velpeau　151
房德里耶斯　Vendryès　97，98
维达尔·白兰士　Vidal de la Blache　102
魏尔啸　Virchow　138，141，142，151
弗尔克　Vœlker　113，115

瓦尔特　Warter(J.)　127−128
韦格　Weigert　145
韦斯　Weiss(A. G.)　127−128
魏茨泽克　Weizsaecker (von)　129
怀特海　Whitehead　65
文德尔班　Windelband　144
沃尔夫林　Wœlfflin　136

扬　Young　44，49

齐恩　Ziehen　145

二、关于正常和病态的新思考(1963 –1966)

Nouvelles réflexions concernant
le normal et le pathologique
(1963 –1966)

二十年后

1943年，我在克莱蒙费朗的斯特拉斯堡文学院做老师时，开设了《正常与病态》这门课。同时，我也在撰写我的医学博士论文。同年七月，我在斯特拉斯堡医学院进行了论文答辩。1963年，作为巴黎第一大学文学与社会学院教授，我开设了同主题的课程；20年后，我想以不同方法来解决那些同样的困难。

这不可能恰好是对同样的问题重新进行考察。我在自己的《论文》中探讨过的几个命题，需要得到有力的支持，因为，自那以后它们的矛盾特征（可能甚至是明显的），在我看来是不言而喻的。与其说是因为我的论证有力，不如说是因为某些读者的敏捷。他们很聪明地发现了我所不知道的先例。一位年轻的同事[1]，一位把康德哲学与18世纪的生物和医学联系起来进行研究的优秀的康德研究专家，向我指出，有一个文本，属于这一类型：既实现了一场伟大的邂逅，也造成一种无知的尴尬，而在这种无知下，一个人相信自己具有某种原创性。毫无疑问，在1798年左右，康德就指出："从主体的责任而非公民权利开始来解开政治的一团混乱，这一需求近来得到了强化。同样，刺激生理学产生的，

---

[1] M. Francis Courtès，蒙彼利埃（Montpellier）文学与人文科学学院助教。

是疾病；而且，开启了医学的，是病理学和临床实践，而不是生理学。其原因在于，事实上，健康并不是被感觉到的，而是一种关于生存的简单意识，只有阻碍才能引发抵抗力量。难怪布朗从分类疾病做起。"

因此，我们再也没有必要为那个论点寻找合法性了。那个论点把临床实践和病理学作为生理学根植的发源地，作为人类的疾病经验把正常概念传递到生理学家的提问法(problématique)核心的途径。此外，还有一个事实：由1947年的《实验医学原理》(Principes de médecine expérimentale)激发并廓清的对克劳德·贝尔纳的解读，必然会软化我一开始评判他关于生理学和病理学的关系的观点时所表现出来的严苛[1]，而且，这也使我对这一事实更加敏感，即贝尔纳并没有忽略用临床实践来推动实验室的实验这种需求。"如果我要和初学者打交道，我首先要告诉他们的就是去医院。这是首先需要了解的一件事。因为一个人该怎样用实验的方法来分析他所不知道的疾病的呢？因而，我不是说要用实验室来取代医院。恰好相反：先去医院，但这并不足以实现科学的或者实验的医学。然后，我们必须去实验室，实验性地分析临床观察让我们看到的一切东西。我无法想象为什么对我会有这样的反对，因为我的确经常说过，并一再重申，医学必须总是从临床观察开始(参看《导论》，242)，而且从古代开始就是如此。"[2] 相反，在给了克劳德·贝尔纳应有的评价(我又对某些部分提出了质疑)之后，我必须对自己表明，而且我也做到了，我对勒利希就没

---

[1] 参见上文，42–48.
[2]《实验医学原理》，170.

有那么慷慨了。[1]

出于这些原因,我在1963年的课程通过追踪与1943年不同的路径来探索这个课题。其他的阅读从别的方面激发了我的反思。这并不仅仅涉及对这个间隔期间出现的著作的阅读,也涉及我在那时本来可以进行或者已经进行的阅读。一个课题的参考文献总是需要重编的,甚至是回顾性地重编的。人们只需要比较1966年和1943年的参考文献就会明白。

但关于《正常和病态》的两次课程,通过扩展,其范围超出了《论文》所讨论的医学哲学的主题。在后文中,我仍试图重新考察这个主题。在社会科学、社会学、人种学、经济学中,标准与正常这两个概念所涉及的研究,最终都——不管是它所涉及的是社会类型、对群体错误判断的标准、消费需求和行为、制度偏好——指向了正常性和普遍性的关系问题。我在讲稿中以自己的方式来考察了这一问题的某些方面。如果一开始我从中借用一些分析的元素,那也只是为了通过与社会标准进行比较来说明生命标准的特殊意义。正是从机体的角度,我允许自己在某种程度上进入社会领域。

我是否可以承认,以同样的目的阅读我在1943年的论文之后写下的研究著作,并没有使我相信我在那时很糟糕地提出了这个问题?同我一样旨在确定正常这一概念的意义的人们,经历了同样的困难,并且,面对这个术语的多义性,除了果断地确定其含义也别无他法。这种含义,对他们来说,足以在理论和实践上唤

---

[1] 参见我的文章《勒内·勒利希的思想》(«La pensée de René Leriche»),刊于《哲学杂志》(*Revue philosophique*),7–9月,1956:313–317.

起一种语义上的限定。这等于说,那些非常严格地只想赋予"正常"这个词关于一种事实的价值的人,仅仅是从他们需要某种有限的意义出发,对这个事实进行了估价而已。今天,像20年前一样,我仍然冒险地通过对生命的哲学分析(它被理解为对惰性和冷漠的对立行为),来建立"正常"的基本意义。生命力图在与死亡的对垒中获胜,这是从获胜从这个词的全部意义上来说的,尤其是在赌博的意义上来说的。生命与不断增长的熵进行着赌博。

Ⅰ. 从社会的到生命的

在《纯粹理性批判》(《先验方法论:纯粹理性的建筑术》)中,康德根据起源和合法性范围,把概念区分为**学术性的**概念和**世界性的**概念两种,其中,后者是前者的基础。

我们可以说,就标准和正常这两个概念而言,前者是学术性的,而后者是世界性的,或者大众化的。让正常成为一个大众化判断的范畴是可能的,因为它们的社会环境,被大众强烈地(尽管也是混乱地)感觉为是不健全的。然而,从两个机构的专业词汇出现开始,"正常"这个词本身在大众化的语言中变得过时并在大众化的语言中被自然化了。这两个机构(一是教育机构,二是医院)的改革,至少在法国,是在同一种原因即法国大革命的影响下同时发生的。到19世纪,"正常"这个词被用来指学术上的模型或者机体的健康状态。医学作为一种理论的变革,本身依靠的是把医学作为一种实践的变革:在法国以及奥地利,它与医学的改革密切联系在一起。和教育改革一样,医院的改革表达的是一种对理性化的需求。这种需求同样出现在政治中,也出现在经济中,受到早期工业机械化的影响。最终,它导致了此后人们所谓的标准化。

* * *

正如一所正常的学校是一所开展教学的学校一样,即在其中,以实验的方式形成了一套教学方法,因而一个正常的医用滴管就是一个标准化的装置,能把一颗水滴分成20粒自由流动的水滴,以使溶液中某种物质的药效动力学力量能够根据医药处方被标出刻度。同样,在很早以前以及不久前使用的21种铁轨标准中,正常的铁轨被定义为两条铁轨内侧距离1.44米。这种铁轨,是在欧洲工业和经济史上的某个特定时期,在与机械学、燃料、贸易、军事和政治有关的相互矛盾的要求之间,所找到的最好协调。同样,对生理学家来说,人的正常体重,在考虑性别、年龄和身高的情况下,是"与可预见的最长寿命相适应的"体重。[1]

在前三个例子中,正常似乎就是某种选择和决定的效果。这种选择和决定,对被那样定性的对象是外在性的。而在第四个例子中,这个参照和定性的术语明显是内在于目标的,如果单个机体的寿命(在健康得到保障的情况下)真的是一个特定的常数的话。

然而,当我们仔细思考它时,教育、健康以及运输人和商品所使用的技术手段的标准化,表现的是一种集体的需求。这种需求,作为一个整体,甚至在个体意识作用缺席的情况下,也会在一

---

[1] Ch. Kayser,《重量平衡的维持》(*Le maintien de l'équilibre pondéral*), *Acta neurovegetativa*, Bd XXIV, Wien, Springer, 1963: 1 – 4.

个具体的历史上的社会中,确定自己的方式,以把它的结构(也可是能一些结构)归诸于它所认为的唯独对自己有利的东西。

在任何情况下,一个根据外在的或者内在的标准被称为正常的对象或者事实的特性,就是它能够反过来被当作那些对象或者事实的参照,以便它们能够被称之为正常的。由此,正常立刻就同时成了标准的延伸和展示。它在指出规则的同时又提升了它。它寻求着每一种在它之外、旁边或者反对它并仍然逃离它的一切。标准从这样一个事实那里获得了自身的意义、功能和价值,这个事实就是,在这个标准之外,存在着不能满足它所提出的要求的事物。

正常不是一个静态的或者平静的概念,而是一个动态的、有争议的概念。加斯东·巴什拉(Gaston Bachelard)对以世界性的或者大众的形式存在的价值,以及根据想象的线索而进行的价值化,都十分感兴趣。他正确地察觉到,每一种价值,都必须根据反价值来获得。正是他这样写道:"净化的意志要求有一个与它的大小相适应的反对者。"[1] 当我们知道"norma"是拉丁语中的丁字尺,而且"normalis"意味着垂直线时,关于"标准"或"正常"这两个术语(它们被引入到了很多其他的领域中)的意义的起源的领域,我们几乎知道了可以知道的一切。一个标准,或者规则,就是可以用来使东西变准确、矫直或矫正的东西。建立一项标准,进行正常化,就是把某项要求强加于某种给定事物之上。对于这种要求来说,那个给定事物的多样性、不一致性更多呈现为一种敌意的而非陌生的不确定性。事实上,它是一个有争议的概念,它消

---

[1]《论土地与静息》(*La terre et les rêveries du repos*),41–42.

极地给这个给定事物的某个部分进行了定性,虽然这个部分并没有进入它的扩展范围,却属于它的理解范围。"正直"这个概念,根据它涉及的是几何还是道德或者技术,定性的是反对对它进行扭曲的、不正当的、笨拙的利用的那些东西。

关于最终目的,关于对标准这个概念的富有争议的运用,这背后的原因,对我们来说,都必须在正常-非正常的关系的实质中去寻找。这不是一个矛盾或者外在性关系的问题,而是一个颠倒和极性关系的问题。标准通过贬低某些被禁止认为是正常的参照物,自行创造了把各种术语颠倒过来的可能性。标准把自身提了出来,作为一种统一多样性、消除差异、解决分歧的模式。但是,提出自己,并不是把自己强加于其他事物之上。与自然规律不同,一种标准并不一定要产生某种效果。这就是说,一种标准绝不是一种独立的简单的标准。因为它涉及的仅仅是可能性,所以标准所提供的参考和规范的可能性包含了另一种可能性的自由程度——它只可能是其对立面。一种标准,事实上,仅仅当它被作为一种偏好被建立或者被选择的时候,或者作为用一种满意的状态来取代让人失望的状态的意志所使用的工具的时候,是一种参照的可能性。所有对某种可能的秩序的偏好,通常都不知不觉地,伴随着对对立的可能的秩序的厌恶。在一个特定的价值衡量领域中,与偏好相背离的,不是漠然,而是使人反感的,或者更准确地说,人们反感的、厌恶的。当然,一种美食的标准,并不会与逻辑标准陷入价值论的对立关系中。相反,让真理战胜谬误的逻辑标准,可能被颠倒为另一种标准,在其中,谬误战胜了真理,就像道德标准一样,在其中,真诚战胜了不诚实,而它又可以被颠倒过来,让不诚实战胜了诚实。然而,逻辑标准的颠倒,产生的不是一种逻辑标准，而可能产生一种美学标准，正如道德标准的颠倒不会产生一种道德标准，而可能产生一种政治标准一样。总之，标准，不管是以显性的还是隐性的形式存在，把真实诉诸价值，表达了与正面和负面的两极对立相对应的对性质的偏好。标准化的经验（作为一种特定的人类学或者文化经验）的这种极性——如果真的在本质上仅仅指一种不需要标准化的正常状态的理想的话——在标准和标准的应用领域之间的关系中，建立了违反行为的正常的优先性。

在人类学经验中，一种标准不可能是原始的。规则开始成为规则，只有在创造规则而且这种修正功能从对它的违反中生发出来时。一个黄金时代，一个天堂，是某种生活方式的神话表现，并满足了自身的需要。这种生活方式的规则性对规则的建立是没有任何贡献的，对禁令缺席的时候所产生的清白状态是没有任何贡献的。这一禁令就是：对规则的无知是没有任何借口的。这两个神话，源于一种返古的幻想。根据这种幻想，原初的善，就是后来所保存的恶。规则的缺席，与技术手段的缺失是同步的。黄金时代的人，与天堂的人，同时享受着一个未经开发的、自发的、自然的、没有被归化的自然的成果。不用工作，不用耕种，这是全面倒退的愿望。在标准没必要在自己的功能中并通过功能来表现自己的情况下，与标准相适应的某种经验的负面术语中的这种构想，这种在规则缺失的情况下对规则性的真正幼稚的梦想，在本质上意味着，正常的概念本身是标准性的，它甚至可以作为讲述其缺失的普遍性神话话语的标准。这就解释了为什么在很多的神话中，黄金时代的来临标志着混乱的终结。正如加斯东·巴什拉所说:"**多样性是一种扰乱。在文学中,没有任何固定不变的混乱。**"[1] 在奥维德的《变形记》中,混乱的地球上寸草不生,混乱的海洋无法航行,形状前后不一。先前的不确定,就是被抵制的后来的确定性。事物的不稳定性与人类的无能相关联。混乱的形象就是被抵制的规则性的形象,就像黄金时代的形象是野蛮的规则性的形象一样。混乱和黄金时代,都是基本的标准化关系的神话学术语。两个术语关系极为密切,以至于两者中的任何一个都不能够避免变成对方。混乱的作用在于唤起、引发它的干扰,并变成一种秩序。反过来,黄金时代的秩序不能够延续,因为野蛮的规则性是平庸的;在那里,满足是中庸的——aurea mediocritas——因为它们不是战胜度量的障碍而获得的胜利。在任何地方,只要是一种规则在没有可能的超越意识的情况下被遵守,所有的快乐都是简单的。然而,一个人能够仅仅享受规则本身的价值吗?为了真正享受规则本身的价值、规章的价值、价值化的价值,规则必须接受争议的检验。不仅仅是例外证明了规则就是规则,而对规则的违反,更是为规则提供了机会,通过订立规则而成为规则。在这个意义上,违背并非规则的源泉,而是调节的源泉。在标准化的领域中,违背就是它的开始。用一个康德式的表达来说,我们要指出,规则的可能性的条件,只能是规则的经验的可能性的条件(la condition de possibilité de l'expérience des règles)。在某种非规则性的环境中,关于规则的经验,就是让规则的调节功能经受考验的经验。

18 世纪的哲学家们所说的自然状态,就是黄金时代的可能的

---

[1]《论土地与静息》,59.

理性的对等物。我们必须同意列维－斯特劳斯(Lévi-Strauss)的观点,即卢梭,和狄德罗(Diderot)不一样,从未认为自然状态是人类的历史起源,是地理学家的发现使民族志学者的观察获得了这个观点。[1] 让·斯塔罗宾斯基(Jean Starobinski)从他自己的角度指出[2],卢梭所描述的自然状态,是世界和欲望的价值之间的自然平衡的描绘,这是一种绝对意义上的史前的随意状态,因为正是从它无可挽回的解体中,历史的长河开始发源。由此,严格来说,如果在意识中,没有联系反标准的实践来表述标准,要讨论被正常化的人类经验,是找不到足够的语法上的时态的。由于对事实或者规则的适应被忽略了,而自然状态是一种无意识的状态,在这种状态中,没有任何一种事件能够解释,它为捕捉意识提供了机会;或者,这种适应被察觉到了,而自然状态是一种天真无邪的状态。但这种状态并不能自足地存在并同时成为一种状态,即一种静态的倾向。没有人会天真无邪地知道他是天真无邪的,因为意识到适应了规则,就是意识到了规则的原因(这些原因满足了规则的要求)。苏格拉底有一条格言说,没有一个博学的人是邪恶的。我们完全可以与之唱反调。相反,意识到自己是好人的人,没有一个是好的。同样,没有一个知道自己是健康的人是健康的。康德说:"健康并不是被感觉到的,而是一种关于生存的简单

---

[1]《热带的忧郁》(Tristes tropiques)第 38 章《一小杯朗姆酒》(«Un petit verre de rhum»)。

[2]《关于社会思想的起源》(Aux origines de la pensée sociologique), Les Temps modernes, 12, 1962.

意识。"[1]勒利希的定义也回应了这一说法:"健康就是在器官的沉默中活着的生命。"然而,在负罪感的爆发中,和在痛苦的呼号中一样,天真无邪和健康作为不可能的、稀有的回归的术语出现了。

非正常(anormal),跟不正常(a-normal)一样,都源于正常(normal)这一概念。它是其逻辑上的对立面。然而,正是未来的非正常的历史先声,增长了标准化的意图。正常是执行标准工程后所取得的效果,它是展示在事实中的标准。在事实的关系中,存在着正常和非正常之间的排斥关系。然而,这种否定从属于对否定的操控,从属于由非正常性引起的纠正。最终,这样的说法并不矛盾,即非正常,尽管从逻辑上说是第二位的,但在存在上是第一位的。

* * *

拉丁语词"norma",从词源学上说,包含有"标准"(normes)和"正常"(normal)这两个术语最初的意义。它与希腊语词"ὀρθός"是对等的。正字法(orthographe,更早的时候是 orthographie)、正统(orthodoxie)、正形(orthopédie),都是未定型的标准化概念。如果正话法(orthologie)这个概念没有那么熟知,至少也不是完全无用的,要知道,柏拉图确认了它[2],而且,不需要引用任何

---

[1] 笛卡儿也说过:"即便健康比和我们身体有关的所有好处都要重要,它却是我们思考得最少的,感觉到最少的。对真理的认识,就像心灵的健康一样,一旦拥有,就不再考虑它。"(Lettre à Chanut, 31, 3, 1649.)
[2]《诡辩家》(Sophiste), 239b.

的参考,在利特雷的《法语词典》(*Dictionnaire de la langue française*)中,也可以找到它。正话法,根据拉丁语和中世纪作家所赋予的意义,就是语法,也就是,关于语言使用的规范。

的确,标准化的经验是一种特殊的人类学或者文化经验。语言为这种经验提供了一个基本的领地。这似乎是正常的。语法为关于标准的反思提供了基本的材料。当弗朗索瓦一世通过颁布维莱科特雷(Villers-Cotterêt)法案规定修订法国所有的帝国司法行为时,所涉及的就是一种命令式。[1] 然而,一种标准并不是一种命令,规定去做某种事,不然就会受到法律的制裁。当同一时代的语法学家们试图固定法语的用法时,这就是一个标准问题,一个确定参照的问题,以及一个从分歧、差别的角度来定义错误的问题。参照是从用法中借来的。在 17 世纪中叶,就有了伏日拉(Vaugelas)这样的论题:"用法就是在自己的语言中必须完全服从的东西。"[2] 伏日拉的著作,紧随着法兰西学院的那些旨在要修饰这一语言的著作而出现。事实上,在 17 世纪,语法的标准,就是有教养的巴黎资产阶级的用法,因而,这一标准反映了一种政治标准:为了皇权的利益而进行的统治的集权化。就标准化来说,语法在 17 世纪法国的诞生,与 18 世纪末度量公制的建立之间,没有任何区别。黎塞留(Richelieu)、国民公会的代表们,以及拿破仑·波拿巴,都是同一种集体需求的传承工具。它始于语法

---

[1] 参见 Pierre Guiraud,《语法》(*La grammaire*, Presses Universitaires de France)(《我在说什么》[*Que sais-je?*],nº788),1958:109.

[2] 《法语笔记》(*Remarques sur la langue française*), 1647,序言.

标准，止于用于国防的人马的形态学标准[1]，中间经过了工业的和卫生的标准。

对工业标准进行定义，要假定有一个统一体，包括一个规划、对工作的指导、建造设备的最终目的。狄德罗和达朗贝尔（D'Alembert）的百科全书中关于"炮架"的词条，由皇家炮兵部队修订，令人赞叹地暴露了兵工厂工作的标准化动机。在其中，我们看到了各种努力的混淆、比例的细节、替换的困难和缓慢、无用的花费等，是如何被纠正的。对零部件和刻度表的设计的标准化、对布局和模型的安排，最终引发的结果就是，各种产品的精确、组装的规范性。"炮架"这一词条几乎包含了关于标准化的现代论文中所用到的全部概念，除了标准这个术语外。在这里，我们有了实物，而没有关于它的字眼。

关于卫生的标准的定义，从政治观点看，必须假定有对从统计学的角度来看待的公众的健康的一致关注，对生存环境的健康性的一致关注，对经过医学完善的预防和治疗措施的统一宣传的一致关注。在奥地利，玛利亚·泰利莎（Marie-Thérèse）和约瑟夫二世，赋予了公共健康机构的法律地位。他的方式是，通过创建帝国健康委员会（Sanitäts-Hofdeputation，1753）和《头部用药标准》（Haupt Medizinal Ordnung）。后者在1770年被《卫生标准》（Sanitäts-normativ）所取代。这部法律，有40条与医学、兽医技术、用药、外科医生培训、人口统计学和医学统计学的相关规定。就标准和标准化来说，在这里，我们有了字眼和实物。

在这两个例子中，标准就是从一个标准化的决定开始，决定

---

[1] 征兵机构和新兵训练机构；全国马场和补给兵站。

正常的起点的东西。正如我们将要看到的那样,这样一个有关这种或那种标准的决定,只有在其他标准的背景下才能够得到理解。在一个特定的时刻,标准化的经验不会产生内部分歧,至少在某项工程中是这样。皮埃尔·吉罗(Pierre Guiraud)在写到这样一段文字时,在关于语法的案例中清楚地察觉到了这一情况:"黎塞留1635年建立法兰西学院,适应了一种集权化的普遍政策的需要。法国大革命、帝国和共和国,都是其继承者……这样的想法并不荒谬,即资产阶级在抓住了生产工具的同时霸占了语言。"[1] 我们也可用马克思的上升阶级这一概念来替代对应的概念,从而换成另外的说法。从1759年"正常"(normal)这个词出现,到1834年"正常的"(normalisé)这个词出现,在这之间,一个标准的阶级,拥有了这样的权力(这是一个关于意识形态幻觉的好例子):即把各种标准的社会功能与这个阶级自己对这些标准的利用等同起来——而这些标准的内容是由这个阶级所决定的。

在特定时代的特定社会中,标准化的意图不可能被放弃。当我们考察技术和司法标准之间的关系时,这是很明显的。在这个术语严格的当下的意义中,技术的标准化在于对物质的选择和决定,在于对象的形式和范围。这个对象的特征,对于持续的生产来说,由此成为必需的。劳动分工,把商人限制在技术经济的综合体中心的一种标准的同一性中。这种综合体的规模,在国内和国际的格局上持续地发展着。然而,技术是在社会经济中发展的。一种简化的要求,从技术的观点来看,会显得很急迫,然而,从经济的观点看,就当时的可能性和不远的未来而言,它显得还

---

[1] 参见皮埃尔·吉罗,《语法》,109.

不太成熟。技术的逻辑和经济利益必须达成妥协。而且,在另外一个方面,技术的标准化可能会害怕过度的严格性。被生产的东西,终究要被消费。当然,标准化的逻辑,可以通过广告的劝说而被推向需求的标准化。尽管如此,这是否解决了如下这样的问题,即去搞清楚,需求是标准化的可能客体,还是必须发明新标准的主体?假设这两个命题中的第一个是真实的,标准化必须为需求上的差别做好容忍的准备,就像它为具有标准特征的对象所做的那样。但是,在这里,没有量化。技术和消费之间的关系,把一种相对的灵活性,引入到了方法、模型、程序以及质量检验中。这种相对的灵活性,是由"标准化"(normalization)这个词引发的。在1930年的法国,这个词,而不是"规格化"(standardisation)这个词,更多地被人们用来指负责国内规模的企业的管理机构。[1] 标准化这个概念排斥永远不变这个概念,而包含了对可能的灵活性的预期。因此,我们看到了一种技术标准是如何逐渐地反映了一种社会观念及其价值体系的,一个标准化的决定是如何把互相关联的、补充性的或者补偿性的决定,作为一个可能的整体的表现来假定的。这个整体必须提前完成,是完成,如果不是关闭的话。这些相互关联的标准的这种整体性的表现,就是规划。严格来说,一项规划的统一性就是一种独特的思想的统一性。作为一个官僚的和技术官僚的神话,规划是天意这种观念的现代伪装。既

---

[1] 参见 Jacques Maily,《标准化》(*La normalisation*),Paris, Dunod, 1946:157以后。我对标准化的简单考察,通过清楚的分析、历史信息,以及其中对 Dr. Hellmich 的研究《从性质到标准》(*Vom Wesen der Normung*,1927)的参考,都从这几页中受益不少。

然人们清楚,委员的集会和机器的合并,难以冒充思想的统一性,我们必须承认,我们很难像拉封丹(La Fontaine)谈论天意那样来谈论规划,因为天意比我们自己更清楚我们应该做什么。[1] 然而——而且,在不知道可以把标准化和规划看作是与战争经济或者集权主义帝国的经济密切相关的这一事实的情况下——我们首先必须看到,在所有的规划努力中的那些建立机构的企图,通过这些机构,一个社会可以评估、预测和假定自身的需要,而不是被化约为在账本上或者资产负债表上记录或者陈述它们。因而,打着理性化的旗号——被自由主义的战士们傲慢地挥舞的稻草人,自然崇拜的经济多样性——并将其作为社会生活的一种机械化,由此受到指责的那些东西,其所表达的,或许相反,正是被社会模糊地感觉到的需求,即变成(被如实承认的需求的)有机主体的需求。

我们很容易理解,通过其与经济的迂回复杂的关系,技术活动及其标准化,是如何与法律秩序发生关系的。存在着一种有关产权的法律、一种对发明权或者已注册的模型进行的法律保护。将一种已注册的模型标准化,就是着手对其进行产业化的征用。国防的要求,是很多国家把这些后勤保障纳入立法的理由。技术标准的领域向法律标准的领域开放了。根据法律标准,一种征用行为被付诸实践了。判决的法官、执行审判的法警,依靠标准赋予他们的功能而相区别。这些标准由管辖机构设定在他们的功能中。在这里,正常是由更高级的标准通过等级化的机构传递下来的。在《纯粹法学》(*Théorie pure du droil*)中,凯尔森(Kelsen)指

---

[1]《寓言》(*Fables*), VI, 4,《朱庇特和佃农》(«Jupiter et le Métayer»).

出,一种法律标准的合法性,取决于它嵌入了一个严密的体系,一个由各种被等级化的标准所构成的秩序(它们将那些强制性的权力,从直接或间接的参照体系,转化为一种基本的标准)。然而,存在着不同的法律秩序,因为存在着各种不同的基本的、不可再分解的标准。如果本可以将这种法律哲学,与它将政治行为纳入法律行为(正如它所宣称的那样)时的无力相对照,那么,它暴露了在一个严密的体系中,等级化的法律标准具有相对性。这种功绩,至少已经得到了普遍的承认。因而,对凯尔森最坚决的一个批评,可以这样写:"法律是一个关于惯例和标准的体系,旨在把某个群体中的所有行为引向一种明确界定的方式。"[1] 甚至在承认法律(不管是公法还是私法)的来源仅仅是政治的时候,我们也得承认,立法的机会,被各种习俗赋予了立法机关,而这些习俗,必须被这一机关制度化为一种虚拟的法律整体。即便是在法律秩序观念(凯尔森所珍视的)缺失的情况下,法律标准的相对性还是情有可原的。这种相对性的严格程度不一。还有一种对非相对性的容忍,但并不意味着相对性的空白。事实上,关于标准的标准处于一种融合中。如果法律"仅仅是对社会行为的调节"[2],又会有怎样的不同呢?

总之,从我们精心选择的人为色彩最浓的例子,即技术的标准化开始,我们可以理解正常状态的一个不变的特征。在一个体系中,标准与标准具有相对性,至少是潜在的相对性。它们在社

---

[1] Julien Freund,《政治的实质》(*L'essence du politique*), Paris, Sirey édit., 1965: 332.

[2] 前引书,293.

会体系中的相互相对性,似乎会把这个体系变成一个组织,即自身就是一个单位,如果不是通过它自身并为了它自身而形成一个单位的话。至少有一位哲学家已经注意到并揭示了正常标准的内在特征,即它们首先是社会标准。正是柏格森在《道德与宗教的两个起源》(Les deux sources de la morale et de la religion)中分析了他所谓的"义务的整体"(le tout de l'obligation)。

* * *

社会标准的相互相对性:技术标准、经济标准、法律标准等,倾向于把它们虚拟的单位变成一个组织。关于组织的概念,在与机体的概念相联系起来时,要说出它到底是什么,并不容易:是一个更普遍、更正式也更丰富的结构,还是一个与被作为基本结构类型的机体相对的模型——一个因有太多限定性条件而变得独特,以至于除了比喻意义外,没有更多固定的内容的模型。

首先,我们要说,在一个社会组织中,把各个部分协调为一个对自己的目标比较明确的集体的规则——不管这些部分是个体、群体,还是受到客观限制的企业——对协调后的整体来说仍然是外在的。规则应该被表现、学习、记住、运用,然而,在一个有生命的机体中,各部分之间的协调规则是内在的,其呈现,并没有通过明确的表现,其运作,既没有经过深思熟虑,也没有经过精心计算。在这里,规则(régle)和调节(régulation)之间并没有分歧、距离和延迟。社会秩序是一系列的规则。服务者或者受益者,以及在任何情况下,管理者们,都必须去关心的规则。而生命秩序是由一系列毫无问题地存在下来的规则构成的事实。[1]

作为社会学这一术语和第一个概念的发明者,奥古斯特·孔德在《实证哲学教程》(此书处理了他后来所说的社会物理学)中,毫不犹豫地使用了"社会机体"这个术语来指社会。社会是并列的各部分根据协同和同情(从希波克拉底的医学传统中借用的)这两种关系而达成的**一致**。组织、机体、体系、**一致**,被孔德冷漠地用来指社会的状态。[2] 在那个遥远的时代,孔德区分了社会与权力,把后一个概念理解为自发的公共行为的器官和调节者[3],一个不同但又与社会整体没有分离的器官,"调节社会的整体和部分的那种明显的自发的和谐"[4]的理性的、人为的,但并不随意的器官。由此,社会和政府之间的关系,本身就是一种相互的关系,而政治秩序似乎是"不同的人类社会以任何一种方式必须不停地趋近的自然的、非自愿的秩序"的自愿的、人为的延伸。[5]

必须等到《实证政治体系》,才会看到孔德把自己所接受的类比的重要性限定在《教程》中,并强调那些能禁止人们认为机体的结构和社会组织的结构是类似的区别。在《社会静力学》(*Statique sociale*)第五章《社会机体实证理论》(«Théorie positive de

---

[1] 参见柏格森《道德与宗教的两个起源》第22页:"不管是人类的还是动物的,一个社会就是一个组织:它意味着一种相互协调,以及更普遍地说,一些个体对另一些个体的服从:它仅仅提供了一些过去的经验,或者更甚,提出了一个规则或者法律的整体。"

[2] Schleicher 编,《实证哲学教程》(*Cours phil. Pos.*),第48讲,170.

[3] 前引书,177.

[4] 前引书,176.

[5] 前引书,183.

l'organisme social»)中,孔德坚持这样一个事实,即集体机体的复合性质,与机体不可分割的构造有着深层的区别。尽管在功能上一致,社会机体的各种因素可以独立存在。在这个意义上,社会机体确实包含着某些机械学的特征。而且,同样,"集体的机体,由于其复合性质,在很大的程度上掌握着一种重要的能力,即获取新的,甚至重要的器官的能力,而这种能力,单个的机体只有在早期的状态中才有所表现"[1]。因此,调节,以及依次被纳入整体的相关部分的整合,是一种社会的需要。调节一个社会、家庭或者城市的生活,就是把某种更普遍更高贵的(因为是更接近唯一具体的社会现实)的东西,即**人性**或者**伟大的存在**(Grand-Etre)引入其中。社会调节是一种宗教,而正面的宗教是哲学、精神力量、人类针对自己的行为的一般艺术。这种社会调节功能必须有一个明确的器官,牧师及其世俗的权力仅仅是一些辅助性的方式。从社会的角度来说,调节就是让整体的精神取得主导地位。因而,整个社会机体,如果它比伟大的存在小些,是在它之外和之上被调节的。调节者后于它所调节的对象:"事实上,只有先存在的权力会被调节,除了在形而上的幻象中之外(在这种幻象中,我们相信随着我们给出了它们的定义,我们就创造了它们)。"[2]

否则,我们要说——当然不是更好,可能不那么好——一个社会既是机器又是机体。如果整个群体的目的,不仅仅被严格地规划而且是按照某个程序来执行的,它就仅仅是一个机器。在这个意义上,某些具有社会主义经济形式的当代社会,似乎有一种

---

[1]《实证政治体系》(*Syst. de pol. Pos.*),II, 304.
[2] 前引书,335.

自动的运转模式。然而，必须承认，这种趋势仍然在实际上遇到了一些障碍（它让组织者不得不求助于即兴发挥的资源），而且不仅仅是在怀疑的实践者的恶意中。我们甚至可以问，是否不管什么样的社会都能够清楚地决定自己的目标，而且能有效地利用自己的方法。在任何情况下，整个社会组织的一项任务在于告诉自己可能的目标——除了古代的和所谓的原始社会，在那里，目标是通过仪式和传统来呈现的，就像动物机体的行为，是通过先天的模范提供的——这一事实，似乎清楚地表明，严格来说，它并没有内在的目的性。就社会来说，调节是一种需要，以寻求它的器官和运作的标准。

相反，就机体来说，需求的状况表明了某种调节装置的存在。对食物、能量、运动和休息的需求，要求——作为它以焦虑和求索行为的方式出现的条件——机体以一种既定事实的状态，参照以常数的方式决定的最适宜的运作状态。当机体与环境的关系因为变化而偏离了常数的时候，一种机体的调节或者体内的平衡，首先保证回到常数。正如需求把整个机体作为其中心一样，尽管它通过某种装置表现了自己并得到了满足，它的调节表达了整体中的部分之间的统一，尽管它的运作是通过神经和内分泌系统来进行的。严格来说，这就是为什么机体内部的器官之间没有距离，而各部分之间没有外在性的原因。解剖学家从机体中获得的知识，是一种大范围的展示。但是，机体本身并不是生活在它被察觉到的那种空间模式中。一种生命的生活，对它的每一种因素来说，都是所有因素共同呈现的直接性（l'immédiateté）。

社会组织的现象，就像是生命组织的一个模仿。这就像亚里士多德所说的艺术是自然的模仿一样。在这里，模仿并不意味着复制,而是致力于重新发现生产的意义。社会组织首先是器官的发明——寻找和接收信息的器官、计算和做决定的器官。在当代工业社会中以一种略带总结意味的理性形式出现的标准化,将所有的规划综合在一起。这些规划最终都要求建立各种各样的统计学,并通过电子计算机来使用它们。假设有可能借用晶体管电子分析器来解释——非比喻性地解释——外皮神经细胞的循环功能,今天,做这样一件事是很有诱惑力的,如果不是合法的的话,即把人类大脑这个器官的某些智力色彩不那么强的功能,转移给服务于技术-经济组织的计算机器。由于通过统计学来对社会信息进行整合,类似于通过感知接收系统来对生命信息进行的整合,因此,对我们的知识来说,它更古老。正是加布里埃尔·塔尔德(Gabriel Tarde)在 1890 年的《模仿律》(Les lois de l'imitation)中首先对它进行了尝试。[1] 据他说,统计学就是把相同的社会因素整合在一起。其结果的传播,有助于提供关于正在完成中的社会现实的同时代"情报"。我们可以把统计部门以及它的角色想象为社会感觉器官,尽管在当下,正如塔尔德所说,它还只是一只刚刚发育的眼睛。我们必须注意,塔尔德所提出的相似性仍然停留在这样的观念中,即生理心理学具有感觉接收器的功能,就像眼睛或者耳朵一样。根据它们,可以感知的特征,如颜色或者声音,把刺激因素综合到一个具体的单位中。物理学家们用各种各样的波动来计算这样的单位。因而,塔尔德可以这样写道:"我们的感官,每一个都独立地,并从自身的角度,造就了我们

---

[1]《模仿律》,148-155. 不知道是否可以这样说:在 19 世纪末,法国军队的情报服务——很遗憾地表现在德雷福斯事件中——带有统计学服务的名义?

关于外部世界的统计学。"

然而,用来接收和仔细处理信息的社会机器,与生命的器官之间,仍然存在着这样的区别,即在人类历史中和在生命进化过程中,两者的完善按照完全相反的方式进行着。机体的生物进化,是通过与环境相联系的器官和功能更严格的整合来进行的,并通过机体各部分的存在环境自主的内在化,以及克劳德·贝尔纳所说的"内部环境"的建立来进行的。然而,人类社会的历史演变在于这样的事实:那种次于种群的范围中的集体性被多样化了,而且,把它们的行动手段展示在了空间的外在性中,把它们的机构展示在了行政的外在性中,在工具之外加上了机器,在储存外加上了仓库,在传统之外加上了档案。在社会中,每一个有关信息和调节的问题的解决办法,都是通过创造新的机体或者机构而寻找甚至获得的。这种新机体或者新机构,与在某一个时刻因为僵化或者陈旧而显得不足的机体或机构"相类似"。社会必须在没有解决方案的情况下解决一个问题,即把所有类似的解决办法集合起来。面对这种情况,机体让自己成为了实现这样一种集合的简单方式——如果不是过于简单的话。正如勒儒瓦-高汉(Leroi-Gourhan)写到的那样:"从动物到人类,总的来说,每一种事物的发生,就像大脑上又加上了大脑,每一种最新发展起来的形式,都与仍然继续发挥作用的早前的形式有着越来越微妙的结合。"[1] 反过来,同一作者还指出:"人类所有的进化,都发生在人的

---

[1] 勒儒瓦-高汉,《动作与言说:技术与语言》(*Le geste et la parole*: *Technique et langage*),Paris, 1964:114.

外部,而人类,在动物世界的剩余部分中,对特定的适应做出了反应。"[1] 这足以表明,器官将技术内在化,是人类独有的一种现象。[2] 可以这么认为,社会器官,即人类可以使用的全部技术手段的总和,是人类社会独有的特征。社会是人类社会可以通过表现和选择来处理的一种器官的外在性。因而,通过寻找越来越多的组织来给人类社会提出有机体模式,在本质上,就是梦想回到动物社会,而不仅是古代社会。

因而,现在,几乎没有必要坚持这样的事实,即社会器官,如果它们在社会整体中互为目的和方式,并不是通过彼此来存在的,或者以适应因果律的方式而通过整体来存在的。各社会机器在组织中的外在性,本身与一台机器中各部分的外在性是没有区别的。

因此,社会调节倾向于要成为一种机体的调节,并在不断地寻求一切可以通过机械的手段形成的东西来模仿它。为了能够在严格意义上把社会的构成当作社会的机体,我们就必须像谈论机体的生命需求和标准一样来谈论社会的需求和标准,也就是,必须毫不含糊。自然栖息地中的蜥蜴或者刺目鱼的生命需求和标准,正好表现在这样一个事实中,即这些动物是这个自然栖息地上非常自然的动物。然而,可以说,在任何社会,一个人都会质疑社会的需求和标准并挑战它们(这表明这些需求不是整个社会的需求),以便我们能够理解社会需求在什么样的程度上是内在

---

[1] 勒儒瓦－高汉,《动作与言说:记忆与节奏》(*Le geste et la parole*: *Les mémoire et les ryhmes*),Paris,1965:34.

[2] 前引书,63.

的,在什么样的程度上社会标准不是内在的,而最后,在什么样的程度上,社会作为受到压制的不满或者潜在的敌意的承载者,还远没有把自己作为一个整体建立起来。如果个体质疑社会的目的性,这难道不是一种迹象,表明社会是很糟糕地统一在一起的各种方式,尤其缺乏一个整个结构所允许的集体活动能够认可的目的吗? 为了支持这一说法,我们要援引对文化标准的多样性极为敏感的民族志学者的话。列维-斯特劳斯说:"没有任何一个社会在根本上是好的,但是,没有一个是绝对坏的。它们都赋予了自己的成员某些优势,但条件是,邪恶的遗毒仍然存在着。这种邪恶的量似乎大致是恒定的,而且,在社会生活的层面上,与对抗建立组织的努力的特殊惰性相适应。"[1]

II. 关于人身上的机体标准

说到健康和疾病,以及排除事故、纠正紊乱,或者通常所说的治疗疾病,生物机体与社会有一个区别,涉及生物体时,临床医学家可以毫不迟疑地提前知道他们所面对的疾病,知道需要建立怎样的正常状态,但是在社会中,他不会知道。

G. K. 切斯特顿(G. K. Chesterton)在他的一本薄薄的著作《这个世界怎么了》(*Ce qui cloche dans le monde*)[2] 里抨击政论家和改革家在还没有提出补救措施的情况下就判定社会的疾病状态。他把这种经常出现的倾向称为"医学错误"。针对他所谓的诡辩,

---

[1]《忧郁的热带》(*Tristes tropiques*)第 28 章。
[2]《这个世界怎么了》(*What is wrong with the world*)出版于 1910 年,其法译本出版于 1948 年(Gallimard édit.)。

最迅捷、精彩、讽刺的反驳体现在这个公理中："因为,尽管在对身体出现问题的方式方面可能会存在疑问,但在对身体应该在其中得以重建的形式方面却不存在任何疑问……医学对正常人的身体很满意,而且只寻求对它的重建。"¹切斯特顿说,虽然人们对医学治疗的最终结果没有任何犹疑,但说到社会问题,情况就不同了。因为对社会疾病的确定,要求事先定义正常社会的状态,而对这个定义的探究,将致力于研究它的人们分成了几派。"社会的情况与医学的情况刚好相反。像医生一样,我们对疾病的确切本质都没有异议,同时也赞同健康的本质。"²在社会中讨论的,是社会福利。这意味着,通常,某些人认为明显是疾病的东西,却被另一些人发现是健康的!³

这种幽默中有很严肃的事情。"没有医生提议生产一种拥有新眼睛和新四肢的新人类"⁴,这个说法等于承认,生命的机体标准是机体自己提供的,包含在它的存在中。确实,医生只能够向病人承诺回到被疾病摧毁之前的那种生命的满意状态,而不能承诺别的。

然而,有时候,现实比幽默者更具幽默感。当切斯特顿赞美医生们承认器官为他们提供了恢复活动的标准这一事实时,有些

---

[1] 《这个世界怎么了》,10-11.

[2] 前引书,12.

[3] 很早以前,我在学术会议中评论过切斯特顿的这些思考。这次学术会议是:机体与社会中的调节问题(Le problème des régulations dans l'organisme et dans la société),Cahiers de l'Alliane Israélite Universelle, n° 92, 1955:9-10.

[4] 《这个世界怎么了》,11.

生物学家就开始设想运用遗传学改变人类标准的可能性。从1910年起，在其最早的报告中，以诱发突变的试验而闻名的遗传学家缪勒(H. J. Müller)，提到了当代人的社会和道德义务：即整体地将自身提到更高的智力水平，简而言之就是通过优生学来使天才得到普及。总体来看，这不是个体的愿望，而是一个社会工程。在切斯特顿看来，这项工程最初的命运，似乎完美地确证了他的悖论。缪勒在《走出黑夜》(Hors de la nuit)[1]一书里提出了一个没有阶级、没有社会不平等的，集体主义的，有待实现的社会理想。在这样的社会中，精液的保存技术和人工授精技术，可以使受过理性教育并能为此感到自豪和荣耀的女性受精，养育像列宁或达尔文这样的天才的孩子。[2] 而这本书写作的地方，正是苏联。缪勒的手稿被送到了设想中可以被取悦的高层那里，然而却受到了严厉的审判。而之前充当过中介人的俄罗斯遗传学家也因此失势。[3] 遗传学通过创造技术矫正人类不平等却也证明了人类的不平等。一个基于这样的遗传学理论的社会理想，是不会在一个无阶级的社会受到欢迎的。

不要忘了，遗传学向生物学家们提供的，恰恰是设想和应用形式生物学的可能性，以及最终，通过创造遵循其他标准的实验性生物来超越生命的经验形式的可能性。由此，我们会同意，到

---

[1]《走出黑夜》(Out of the night, 1935)的法译本，由 J. Rostand 翻译(Gallimard édit., 1938)。

[2]《走出黑夜》,176.

[3] 参见 Julian Huxley,《苏联的遗传学与世界科学》(La génétique soviétique et la science mondiale), Stock édit., 1950;206.

目前为止，人类机体的标准，在于它与机体的共存，然而，我们希望有一天，它能够与优生遗传学家的计算共存。

* * *

如果社会标准能够像机体标准一样被清楚地察觉到，人类不去遵守它，那就是疯了。而既然人类并不疯，既然不存在**智者**，所以社会标准是要被发明出来，而不是要去观察的。**智慧**这个观念充满着希腊哲学家的意味，因为他们把社会看作是一种有机形态的现实，并且有内在的标准、自身的健康、测量的方法和平衡、补偿的能力，而在人类的规模上，可以复制和模仿把存在的总体变成一个**宇宙**(cosmos)的普遍规律。当代生物学家加农(Cannon)，在把他考察机体调节——体内平衡——理论的著作命名为《身体的智慧》(La sagesse du corps)时，回应了古希腊思想中司法观念和医学观念的同化。[1] 谈到身体的智慧，就是暗示，活着的身体处于这样一种永久的状态中：即被控制的平衡、一开始就被抵制的失衡、通过与外在的干扰性影响相对抗而保存着的稳定性。简而言之，有机生命是不稳定的、受到威胁的功能的秩序。这些功能经常被调节系统重建着。将智慧赋予身体，斯塔林(Starling)和加农回到了生理学中的一个观念。这一观念曾被医学出口到政治学。但是轮到加农的时候，他禁不住要将体内平衡的观念拓宽，因此他能为之赋予阐明社会现象的力量。他把该书的最后一章命名

---

[1]《身体的智慧》这个标题被加农用来解释英国的生理学家斯塔林。Z. M. Bacq 的法译本由 Editions de la Nouvelle Critique 于 1946 年出版。

为"生物自动调节与社会自动调节的关系"。但是,对这些关系的解释,是自由主义社会学的老生常谈,在议会政治学层面上,在保守主义和改革主义轮换时也司空见惯——在这种轮换中,加农看到了某种补偿配置的效果。这种轮换不受从最初状态起每个社会结构遗留下来的配置的影响。这种轮换,绝不是每一个社会结构,哪怕是最初的社会形态中都存在的某种机构的效果。事实上,它似乎并不是一个政权试图疏导和抑制社会对抗性的相对有效性的表现,也不是现代社会所获得的、为了延缓(而通常不能够最终阻止)其内在的不一致转化为危机的政治机器。在观察工业时代的社会时,我们可以揣出这样的疑问,这些社会真正恒久的状态是不是某种危机,而且,这是不是它们的自我调节能力缺失的明显症状?

加农为这些调节发明了"**自动调节**"(homéostasie)这个术语。[1] 它与克劳德·贝尔纳统一在"内部环境常数"这个术语下的秩序很相似。像受碳酸溶解在血液中的比例影响的呼吸运动的调节、恒温动物的体温调节,等等,都是机体功能的标准。我们现在知道贝尔纳唯一怀疑的是什么,也就是,在研究机体结构和这些结构的起源时,应该考虑到其他形式的调节。当代实验胚胎学,在这一事实中发现了自己的基本问题:形态的调节,在胚胎发育的过程中,保持或者重建了特殊形式的完整性,在修复某些损伤时扩大了组织行动。因此,一整套的标准——通过它们,生物让自己构成了一个独特的世界——可以被归为结构的标准、重建的标准和运行的标准。

---

[1]《身体的智慧》,19.

这些不同的标准为生物学家提出了相同的问题，即标准与特殊案例之间的关系。这些特殊案例，相对于正常的具体特征来说，显示出了这种或那种生物特征之间的距离和不一致：身高、器官的构造、化学成分、行为等。在变形或者发生事故的情况下，如果单个机体，是自己为自身的恢复提供标准的机体，在畸形或者事故中，是什么把具体的结构和功能（它们不能够被个体所把握，而只能由它们自己显示出来）设立为标准了呢？从兔子到鹳、从马到骆驼，体温的调节都不一样。但是，在保留赋予个体独特性的那些轻微的、零碎的不一致时，我们该如何理解不同物种（比如兔子）特有的标准呢？

生物学意义上的"**正常**"概念，依靠被认定为"正常"的特征出现的频率，而得到了客观的定义。对特定的物种来说，体重、身高、特定年龄和性别的个体在本能方面的成熟，正好构成了大多数群体（这些群体，明显由一群自然人口的个体构成，并在测量中显得相同）的特征。1843年左右，正是凯特勒发现了人体的身高分布，可以用高斯的误差定律来表示。这是二项式定律的一种有限的形式。凯特勒还区分了高斯平均值（或准确的平均值）和算术平均值两个概念。这两个概念，一开始在平均人理论中被区分了。平均值两边的测量结果的分布，证明了高斯平均值是真实平均值。偏差越大，就越稀有。

在我们的《论文》中（第二部分第二节），我们试图在标准这一概念中保持的意义，类似于凯特勒根据真实平均值的发现而强加在自己的平均人理论上的类型概念。它们是类似的概念，也就是说，在功能上是类似的，但在基础上是不同的。凯特勒把平均值、统计学上的最大频率所表达出来的规则性，定义为生灵遵从神性起源的法则所产生的效果。我们试图表明，对频率的解释，可以联系一个完全不同于遵守超自然法律的秩序的调节。我们将频率理解成某种调节方案的生命力的真实的或者虚拟的标准。¹ 我们不得不相信，我们的努力偏离了目标，因为有人批评它的模糊性，而且得出了最大的频率等于最好的适应这样无根据的结论。² 事实上，确实存在着不同的适应，而且，对我们的著作表示反对的人所理解的意义，并非我们所赋予它的意义。有一种适应，是在稳定的环境中，某种特定任务的专门行动，但会受到改变这种环境的因素的威胁。还有一种适应，意味着不受稳定的环境的约束，而且最终，具有克服环境的改变所带来的生存困难的能力。现在我们已经从某种多样化的趋向来定义了某个物种的正常性："防止某种不可逆的，因而没有灵活性的过度专门化的保障，这就是……一种成功的适应。"在适应中，完美或者完成，都意味着物种的终结开始了。那时，我们受到了生物学家艾伯特·旺代尔(Albert Vandel)的一篇文章的启发。他后来在《人与进化》(L'homme et l'évolution)³ 这本书中发展了同样的观念。希望我们现在可以继续我们的分析。

当正常的定义，是通过最频繁的东西来进行时，这就为理解

---

[1] 参见上文，90–91.

[2] Duyckaerts,《临床心理学中的正常观念》(La notion de normal en psychologie clinique), Vrin, 1954:157.

[3] Gallimard édit., 1949 年第 1 版，1958 年第 2 版。论述通过二分法进行的革命（把一个动物群体分为变革的和保守的两支）的论文，再次出现在了旺代尔的论文《德日进的进化论》(«L'évolutionnisme de Teilhard de Chardin»)中，刊于《哲学研究》(Etudes philosophiques), n°4, 1965:459.

被遗传学家称为突变的异常现象的生物学意义造成了很大的障碍。确实,植物或者动物世界的突变到了能够创造新的物种的程度,由此,我们可以看到,一个标准从对另一个标准的偏离中诞生。这个标准,是自然选择保持的一种偏离方式。而这个,正是毁灭和死亡所盲目让与的。但我们深知,突变更经常的是限制性的,而不是建设性的,而当它们持续很久时,它们通常是表面的,而当它们变得显著时,它们就变得脆弱,机体的抵抗力降低了。因而,人们承认突变具有让物种多样化的能力,而没有解释物种的起源的能力。

严格来说,关于物种起源的突变理论,可以将正常定义为暂时的存活。但是如果将生者看成是缓期执行的死者,那我们就忽略了在生命的延续中所考虑的整个生物的群体的适应方向,也低估了进化的这一层面(它是为了占据一切空白地带而发生的生命形式的多样化)。[1] 因此,适应的一种意义,允许我们在某个物种及其变异的特定时刻,区分被超越了的生物和发展中的生物。动物性是一种以移动与捕食为特征的生活形式。就这一点而言,对在光线中移动来说,视觉就是一种不能说无用的功能。一种穴居的失明的动物,可以说是适应了黑暗,而我们可以想象它的出现:从有视力动物开始发生了突变,遭遇和占据某个环境(这种环境,

---

[1] "一个特定地方的空白地带,用达尔文的术语来说,不是空闲的空间,而是在理论上可能,然而却不实际的生命系统(居住、营养方式、进攻方式、保护方式)。"康吉莱姆,拉帕萨德(Lapassade),毕克马(Piquemal),乌尔曼(Ulmann):《从发展到19世纪的进化》(«Du délveppement à l'évolution au XIXe siècle»),刊于 Thalès,XI,1960:32.

如果不是适当的,至少不是不适当的)而生存了下来。这种失明肯定可以被看作是一种不正常,但不是在它很稀有这个意义上说它不正常,而是说它使得我们所考虑的生物后退了一步,躲过了死胡同。

对我们来说,通过独立的两类原因(一方面是生物学的,一方面是地理的)的一次相遇,来解释生物学中的特定标准,这其中的困难的标志之一,就是1945年勒利希的人口遗传学中的遗传的自动调节这一概念的出现。[1] 对自然个体和实验群体中的基因排列和基因突变的外观的研究,结合了对自然选择效果的研究,得出了这样的结论:某个基因或是某种基因排列的选择性影响不是不变的,毫无疑问,这取决于环境条件,也依赖于整个群体所代表的基因的整体性施加在任何一个个体身上的某种压力。甚至在人类的疾病(比如,在地中海地区,尤其是在西西里和撒丁岛常见的库利贫血病)中,也可以看到,与纯合体相比,杂合体有一种选择上的优越性。在育种场,动物身上这种优越性可以通过实验的方法测量出来。这印证了此前对饲养员通过杂交来提升品种活力的观察。杂合体具有更强的繁殖能力。在致命性的变异基因的案例中,一个杂合体,相对于变异的杂合体甚至正常的杂合体来说,都拥有一种选择上的优势——就是在这里产生了遗传的自动调节这一概念。鉴于一个人口群的幸存受惠于杂合体出现的

---

[1] 我对遗传的自我平衡的了解的核心部分,借自 Ernest Bösiger 杰出的研究成果:《人口遗传学的当下趋势》(Tendances actuelles de la génétique des populations), 发表于 XXVI° Semaine de Synthèse (*La biologie, acquisitions, récentes*, Aubier édit., 1965)。

频率,繁殖力和杂合现象之间的比例关系就可以被看作是一种规则。在霍尔丹(J. B. Haldane)看来,一个物种对寄生虫的抵抗也是这样的。一种生化变异,能够获得一种更大的抵御突变体的能力。在物种的核心部分存在的个体性的生化差异,使得它更适于生存。这是以改组为代价的,这个改组在形态学和生理学上表现了自然选择效果。与人类不同(在马克思看来,人类只提出自己能解决的问题),生命预先准备好了多种有关适应问题的解决办法(这些问题能够自己呈现出来)。[1]

总之,自1943年我们的《论文》发表以来,我们所能够做的解读和反思,并没有让我们最终质疑那时候对生物统计学原创概念的生物学基础的解释。

* * *

对我们来说,关于我们此前对统计学标准的规定性和对个体的种种变异的正常性或非正常性的评估之间的关系的分析,并不需要从根本上修正。在《论文》中,我们依靠了A. 迈尔和H. 劳吉尔的研究。在那以后,关于这一问题的大量已发表的文章中,有两篇引起了我们的注意。

---

[1] 人们甚至可以同意A. Lwoff的话:"活着的机体没有这些问题;自然中没有这些问题;有的只是解决办法。"(《分子生物学中的信息概念》[«Le concept d'information dans la biologie moléculaire»],收入《当代科学中的信息概念》[*Le concept d'information dans la science contemporaine*],Les Editions de Minuit, 1965:198.)

第一篇是艾维（A. C. Ivy）的《什么是正常或正常性？》（«What is normal or normality?»）(1944)[1]作者区分了正常这个概念的四种意义：(1)一种机体现象和一种理想之间的一致，它决定了某种需求的最上限或最下限；(2)一些特点（结构、功能、化学构成）在个体中的呈现，其标准尺度，按惯例是由一个在年龄、性别等方面一致的群体的中心价值决定的；(3) 就所考虑的每一项特征的平均值而言，一个个体所处的位置，当分布曲线建立起来后，偏离类型被计算出来，偏离类型的数目被确定；(4)意识到障碍的缺席。对"正常"这一概念的使用，要求人们首先确定一个人在理解它时所依靠的意思。对作者来说，他只考虑第三条和第四条，而且让后者从属于前者。他让自己致力于表现这样的情况，即在大量的主体上，对结构、功能、生化成分标准的测量来说，建立关于它们的偏离类型是多么重要，尤其是结果严重偏离时，此外，同样重要的是，对于所考察的人群来说，68.26%的人所代表的数值应该被认为是正常的，也就是，与平均值（它或多或少是一种偏离类型）所对应的数值。正是这些主体的数值，在这68%之外。这68%的人，在他们与标准的关系方面，提出了一些评估的难题。这里有一个例子。有一万名学生，被要求告知他们是否感觉到发烧。他们的体温被测量了，体温的分布图被建立起来了，而对每一个具有相同体温的群体来说，这些个体的数目和声称自己感到发烧的个体的数目之间的比例关系，也被计算出来了。这种关系

---

[1]《公牛季刊》(Quaterly Bull). Northwestern Univ. Med. School, Chicago, 18, 1944:22 - 32, Spring-Quarter. 这篇文章是由 P^{rs} Charles Kayser 和 Bernard Metz 指出并提供的。

越接近1,这些个体因为感染而处于病态的机会就更大。在体温为100华氏度的50人中,一个从主观的角度看来(即并没有感到发烧的人看来)是正常的个体,只有14%的机会,从细菌学的观点看来,成为正常的个体。

艾维的研究的意义,更多地在于作者在承认统一像生理学上的正常和统计学上的正常这样的概念时所遇到的困难的简单性,而不是经典统计学所提供的信息。生理上的饱满状态(**健康状况**)被定义为一种功能的平衡状态。这些功能高度地统一,最终给主体赢得了一个巨大的安全空间,一种在严峻的处境中或者受迫的处境中进行抵抗的能力。一项功能的正常状态,就是对其他功能不构成干扰的状态。然而,人们是否不能够反驳这些命题说,很多的功能,由于其统一性,确实产生了干扰?如果我们必须理解一种功能的正常,在于它并不会造成其他的功能不正常,那这个问题就变了吗?在任何情况下,把这些生理学概念和从统计学上定义的关于标准的概念——在具有同一性的群体中68%的主体所具有的状态——进行比较,表明从统计学上定义的所谓标准,并不能够解决病理学的具体问题。一个老人所表现出来的功能,包含在与他的年龄相应的68%的人之内,这个事实不足以把他定性为正常的,鉴于生理学上的正常,是从功能的运作中所存在的安全的余地来定义的。事实上,年老表现了这种余地的减少。最终,像艾维那样的分析,从其他的例子开始,试图确认在他之前长期得到确认的统计学观点的不足。在统计学的观点中,每一次都是由人来决定,一个具体的个人是否正常。

矫正统计学意义上的正常这个概念以及让它更灵活地适应生理学家建立在功能的多样性上的经验,这种必要性同样在1947

年约翰·A. 莱尔（John A. Ryle）的文章《正常的含义》（« The meaning of normal»）[1]中得到了体现。作为牛津大学社会医学的教授，作者的兴趣，首先在于确认，某些个体相对于生理学标准的偏离，并不因此就是病态的标志。生理学上的可变性的存在是正常的，它对于适应和生存来说是必要的。作者考察了100名健康状况良好的学生，均没有消化不良症。他测量了他们的胃的酸性。他观察到，10%的人表现出了可以被看作是病态的胃酸过多症，就像在十二指肠溃疡中所观察到的那样，而有4%的人表现出了完全的胃酸缺乏症。这种症状在当时被认为是预示着致命性的贫血病在恶化。作者认为，所有可以测量的生理活动都表现得容易受到某种类似的可变性的影响，而且，它们可以用高斯曲线来表示，此外，为了医学的需要，正常必须被定位于由标准的偏离在两个中间值之间所决定的极限内。然而，在与健康相协调的先天变化，和作为疾病的症状的后天变化之间，并不存在清楚的界限。如果真的必要，我们可以认为，一种极端的相对于平均值的生理偏离，构成了或者助长了容易引发某种病态事件的体质。

约翰·A. 莱尔列出了一些医学活动。由于这些活动，"被清楚地理解的正常"这个概念适应了某种需要。这些需要是：(1)对病态的定义；(2)在治疗或者功能练习中所追求的功能水平的定义；(3)在工业中雇佣人员时的选择；(4)查出容易感染疾病的体质。我们要注意，因为并非不重要，这个列表中的最后三项需要涉及专业技术、能力、无能、死亡风险的标准。

---

[1]《柳叶刀》（The Lancet），1947，I，1；这篇文章又发表在《医学概念》（Concepts of medicine）上，Brandon Lush 编，Pergamon Press，1961.

最终，莱尔区分了两种相对于标准的变化。与之相关，我们可以说，一个人要从实践的领域中所采取的某些解决办法这个角度来确定非正常性。这两种变化是：随着时间的推移，发生在同一个体上的各种变化；在一个确定的时间，在同一物种中，从一个个体到另一个个体的变化。这两种变化对于生存都是非常关键的。适应性取决于可变性。然而，对适应性的研究，必须总是偶然的，它不足以推进到实验室的测量和测试中。必须研究不同阶层的物质环境和社会环境、饮食、工作的方式和条件、经济环境和教育，因为正常被看作是一种资质或者适应性的指标，我们必须经常追问我们自己，我们是通过什么、为了什么来确定这种适应性和资质的。比如，作者报告了在饮水中的碘含量被精确测量过的地区对 11－15 岁的人所进行的甲状腺增大的调查结果。在这个案例中，正常就是在外部不引人注意的甲状腺。不引人注意的甲状腺，似乎暗示着某种特殊矿物质的缺乏。然而，甲状腺不引人注意的孩子，很有少有最终患甲状腺肿大的。由此，可以说，在临床上可以察觉的增大，所表现的是已经实现的某种程度的适应，而不是疾病的初始阶段。由于冰岛人身上的甲状腺通常要小些，而且，另一方面，在中国有些地区，60% 的人有甲状腺肿大，因而，我们似乎可以有不同国家的正常性标准这个说法。总之，为了定义正常，我们必须借用平衡和适应性的概念，并且要考虑到外部环境，以及机体或者机体的某些部分必须完成的工作。

我们刚刚总结的研究是非常有趣的，而没有在方法论上表现得偏执，并且最后得出了这样的结论，即对鉴定和评价的专注，超过了对严格意义上的测量的专注。

在涉及人的标准时，我们承认，它们被规定为一个机体在某种社会环境中的行动的可能性,而不是一个机体身上被人们认为与自然环境相结合的功能。人类身体的形式和功能不仅是环境加诸于生命的条件的表现,而且还是在这个环境中被社会所采用的生活方式的表现。在我们的《论文》中,从身心关系这一事实出发,我们考虑到了那些允许我们认为自然和文化之间的相互依靠可能确定了人的机体标准的那些观察。[1] 在那时,我们的结论似乎显得有点仓促。今天,对我们来说,似乎身心医学和心理社会医学研究的发展,尤其是在盎格鲁撒克逊国家,都倾向于确认它们。社会心理学方面的著名专家奥托·克兰伯格(Otto Klineberg),在研究与国际间的理解有关的紧张时[2],对反应的多样性,以及引发了机体常数持久改变的那些障碍,在身心和心理社会方面的原因,都做了说明。中国人、印度人和菲律宾人呈现出的平均心脏收缩血压,比美国人的要低 15-20 个点。然而,在中国度过几年的美国人,其平均的心脏收缩血压,在此期间由 118 降到了 109。同样,我们注意到,在 1920-1930 年之间,在中国,高血压是非常稀少的。尽管发现其"极度简洁",克兰伯格还是引用了一位美国医生大约在 1929 年作出的评论:"如果我们待在中国的时间足够长,我们学会了接受事物,我们的血压会降低。在美国的中国人学会了抗议和不接受事物,而他们的血压升高了。"猜想是毛泽东改变了一切,这并非是讥讽,而仅仅是把用来解释

---

[1] 参见上文,106-111.
[2] 《影响国际相互理解的紧张:一项研究的调查》(Tensions affecting internutional understanding. A survey of research), New York, Social Science Research Council, 1950:46-48. 这部著作是由 M. Robert Pagès 告知我的。

心理社会现象的同样的方法,运用到了其他的政治和社会数据上。

适应的概念,以及它的分析所引出的身心关系的概念,在人类的情况中,可以被重拾,而且,可以说,根据病理学理论进行修正。这些病理学理论,从基本的观察看不同,但精神是相通的。把人的生理标准,与在别的方面体现出文化标准的反应和行为模式的多样性联系起来,很自然地被人类特定的病原学环境研究扩展了。在人身上,与实验室的动物身上不同,刺激源或病原学动因,从未被机体作为一种天然的物理事实来接受,而是被意识体验为任务或者考验的标志。

汉斯·薛利(Hans Selye)是最早——几乎和法国的雷利(Reilly)同时——一批从"感觉病了"这一基本现象出发[1],处理非特定的病态综合征,以及每一种从整体上考虑的疾病中发生的典型反应和行为的人。由任何一种刺激源——另一个机体、纯激素、外伤、疼痛、重复的情绪、被强加的疲乏,等等——引发的一种非特定的侵入(即一种突然的刺激),首先触发了一种报警反应。这种反应,同样是非特定的,并且根本上在于伴随着肾上腺素和正肾上腺素的分泌,由交感神经受到的整体的刺激。总之,这种警报让机体处于一种紧急的状态中,一种未确定的招架状态中。

---

[1] 参见薛利,《关于病理学的一场革命》(«D'une révolution en pathologie», *La Nouvelle nouvelle revue française*, 1er 3, 1954:409)。薛利最基本的著作是《压力》(*Stress*, Montréal, 1950),以及此前的《适应的一般综合征与适应的疾病》(«Le syndrome général d'adaptation et les maladies de l'adaptation», *Annales d'endocrinologie*, 1946, n°s 5 et 6)。

在这种警报反应之后出现的,要么是一种特定的抵抗状态,好像机体已经识别了攻击的性质,并调整了自己对这种进攻的反应,降低自己先前对触犯的敏感性;要么是一种疲乏的状态,当这种进攻的强度和无休无止超出了反应能力的时候。这就是薛利的一般调节综合征的三个时刻。因此,适应被看作是一种出类拔萃的生理功能。我们建议把它定义为肌体对环境轻率的介入或者刺激——不管它是宇宙的(物理化学因子的行为)还是人类的(情绪)——的不耐烦。如果通过生理学,我们能够理解对正常人的功能进行研究的科学,那就必须承认,这种科学存在于这样的假定上,即正常人就是自然的人。正如生理学家巴克(Bacq)所写到的那样:"平静、迟钝、心理冷漠,都是维持正常生理学的决定性手段。"[1] 但是,或许这种人类生理学本身或多或少总是应用生理学,工作生理学、运动生理学、休闲生理学、高海拔生活生理学等,也就是说,对文化环境(它产生了各种各样的进攻)中的人进行生物学研究。[2] 在这个意义上,我们会在薛利的理论中,重新发现对这一事实的确认,即人们是通过偏离而认识到标准的。

适应的疾病这个名称,应该指各种各样抵抗障碍的功能的紊

---

[1]《生理病理学与普通治疗学原理》(Principes de physiopathologie et de thérapeutique générales),第3版,Paris, Masson ,1963:232.

[2] 参见 Charles Kayser:"对高海拔地区和工作中的换气过度的研究,引起了我们对呼吸调节中所反映出的机制的重要性观念的严重修正。在循环机制中,对心脏的排气量的重要性,只有在白犬人们从事用力的体育活动或者静坐时才会明显。运动和工作提出了一系列纯生理学的问题,需要尽力说明。"(《工作与运动生理学》[Physiologie du travail et du sport], Paris, Hermann édit. , 1947:233.)

乱、各种对危害进行抵抗的功能的疾病。由此,指那些超出了自己目标的那些反应,那些维持着自己的推动力并坚持到进攻结束的反应。现在,是时候赞同 F. 达高涅(F. Dagognet)的说法了:"病人通过自己过度的防御,以及某种带来消耗和干扰而不是保护的反应的强度,创造了疾病。发挥否定或者稳定功能的治疗行为,先于那些进行刺激、助推和维持的东西。"[1]

确定薛利的观察和雷利以及他的学派的观察是否一致,以及由甲引发的体液机能与由乙引发的植物神经机能是否互补,这是我们能力之外的事情。[2] 我们只考虑这些论文在这一点上的趋同:病原综合征的观念压倒病源学动因的观念,损伤的观念从属于功能障碍的观念。在一次著名的演讲中,与雷利和薛利早期的调查同时,P. 阿布拉米(P. Abrami)注意到了功能障碍的数量和重要性,而从明确损伤的临床症候学观点来看,功能障碍能够多样化,而且,随着时间的推移,能够造成有机的损伤。[3]

在这里,我们离身体的智慧已经太远了。事实上,通过比较适应疾病和过敏性、变态反应,即机体对让自己变得敏感的进攻

---

[1]《理性与治疗》(La raison et les remèdes), Paris, Presses Universitaires de France, 1964:310.

[2] 关于这一主题,参见 Philippe Decourt,《雷利的现象与薛利的适应的一般综合征》(«Phénomènes de Reilly et syndrome général d'adaptation de Selye»),《研究与文献》(Etudes et Documents), Tanger, Hesperis édit., I,1951。

[3]《病理学中的功能障碍》(《医学病理学入门讲稿》)(«Les troubles fonctionnels en pathologie» [«Lecons d'ouverture du cours de pathologie médicale»]),刊于 La Presse médicale, n° 103, 23, 1936 年 12 月。这篇文章是由弗朗索瓦·达高涅提供的。

所产生的超级反应现象，我们会产生很多怀疑。在这种情况下，疾病包括机体反应的过度，包括防御的狂爆和固执，仿佛机体瞄错了目标，计算有误。"错误"(erreur)这个术语，自然就进入了生理学家的心中，用来指一种障碍。这种障碍的起源，应该在生理功能中去寻找，而不是在外部因素中。在识别组织胺时，亨利·戴尔(Henry Dale)爵士把它看作是"器官的自体药理学"的产物。从那时起，一种引发了巴克所说的"机体通过滞留在自身组织中的有毒物质而进行的真正的自杀"的生理现象，只能被定性为"错误"吗？[1]

Ⅲ. 病理学中的一个新概念：错误

在我们的《论文》中，我们比较了疾病的本体论概念（在其中，疾病被描述为与健康在本质上是相对立的）和实证主义概念（它以定量的方式从正常状态推演而来）。当疾病被看作是一种邪恶，治疗就被重新估定了价值。当疾病被看作是一种不足或者过量时，治疗就包括一种补偿。我们反对贝尔纳关于疾病的概念，举出了黑酸尿综合征等疾病的存在。它的症状绝不可能从正常的状态发展而来，其过程——酪氨酸的不完全代谢——与正常的过程没有任何数量上的关系。[2] 今天，必须承认，即便在当时，我们的观点也可能通过广泛的例子的支撑，比如考虑白化病和胱氨酸尿症，而变得更牢固。

自1909年以来，这些代谢疾病，由于它们在某种中间环节阻

---

[1] 前揭，202.

[2] 参见上文，42.

碍了反应,被给予了"新陈代谢的内在错误"这样耸人听闻的名字。这是阿奇博尔德·加洛德(Archibald Garrod)创造的一个术语。[1] 遗传的生化障碍,这些遗传疾病不能够在出生的时候就表现出来,而是在时间进程和某个时机中出现,比如人体中淀粉酶的缺乏(葡萄糖-6-磷酸酶脱氢酶)并不会表现出任何障碍,只要主体的饮食中没有豆类或者没有使用奎宁来抗击疟疾。50年来,医学只认识到了几种这样的疾病,而且,它们可以被认为是很稀有的。这解释了为什么新陈代谢的天生错误在我们进行医学研究时的病理学中并不是一个普通的概念。今天,遗传的生化疾病大约有一百种。某些特别恼人的疾病,如苯酮尿症、苯丙酮酸性精神幼稚症等,其识别和治疗都为继续从遗传的角度解释这些疾病提供了希望的基础。零星发生的或地方性的疾病比如甲状腺肿的病原学,在关于遗传性质在生化方面的非正常的研究的帮助下,得到了修正。[2] 因而,我们可以想象,尽管严格来说,新陈代谢的天生错误这个概念还没有变成一个通用的概念,但它在今天仍然是一个常用的概念。从形态病理学语言借用来的"非正常""损伤"这些术语,被引入到了生化现象的领域中。[3]

一开始,遗传的生化错误这一概念停留于比喻的精巧。今

---

[1]《新陈代谢的内在错误》(*Inborn errors of metabolism*), London, H. Frowde édit., 1909.

[2] 参见 M. Tubiana,《甲状腺:一个现代概念》(«Le goitre, conception moderne»),《法国临床与生物学研究杂志》(*Revue française d'études cliniques et biologiques*),1962 年 5 月:469-476.

[3] 关于遗传疾病的分类,参见布加(P. Bugard)的《疾病状态》(*l'état de maladie*, Paris, Masson édit., 1964)第七部分。

天,它建立在类比的坚实基础上。鉴于氨基酸和高分子生物化学的基本概念是从信息理论中借用的概念,比如编码或者信息,顺序的负面是颠倒,有序的负面是混乱,用一种安排来取代另一种,就成了错误。健康是基因的和酶的正确。生病就是变错,变错,不是错误的支票或者错误的朋友这个意义上的错,而是扭折(faux pli)或者错误的节奏这个意义上的错误。既然酶是一种中介并为基因引导细胞内蛋白质的合成提供了场所,而且,既然这种引导和监督功能所必需的信息刻在 DNA 分子的染色体层面上,这种信息必须被作为一种信息,从分子传递到细胞质,而且在那里必须被翻译,因此,构成将要合成的蛋白质的氨基酸被再次生产,被复制。但是,不管模式如何,不涉及到任何可能的错误的解释是不存在的。一种氨基酸取代另一种氨基酸,通过对指令的误解而造成混乱。比如,就镰状细胞性贫血(也就是由氧气压力降低造成的收缩而呈镰刀状的血红细胞)而言,血红素是非正常的,因为在球蛋白的氨基酸链条上,缬氨酸替代了谷氨酸。

把错误这一概念引入病理学,就它已经给人类对待疾病的态度带来的变化而言,以及它在知识和它的对象之间所建立的关系而言,都是一件非常重要的事。非常有诱惑力的,是去谴责对思想和自然的识别,去抗议把思想的步骤归因于自然,抗议错误是判断的特征,以及自然可以作为证据但不能作为判断,等等。很明显,每一件事的发生,事实上,就像生物化学家或者遗传学家把他们作为生物化学家或遗传学家的知识归于遗传因素一样,就像酶被认为知道或者必须知道某些反应(化学分析根据这些反应来分析它们的行为,而且,在某些场合或者某些时间里,可以忽略它们中的某一个或者误读它们的陈述)。但是,我们不应该忘记,信息理论不应该被驳倒,而且它关心知识本身,也关心它的对象,即物质或者生活。在这个意义上,了解就是获得信息,学习就是解码。因此,在生命的错误和思想的错误之间,在给予信息的错误和获得信息的错误之间,并没有区别。前者提供了后者的钥匙。从哲学的观点看,这是一个新亚里士多德主义的问题,当然,是在亚里士多德的心理学和当代的传输技术没有被混淆的情况下。[1]

在某些方面,在机体成分的生化构成中,这种关于错误的观念同样是亚里士多德式的。根据亚里士多德的说法,畸形是自然的错误。它是一个物质方面的错误。如果在当代的分子病理学中,错误造成了形式的缺点,遗传的生化错误总是被看成一种微观的不正常,一种微观的畸形。正如某些先天的形态上的非正常,被解释为胚胎在本可以正常度过的某个发育阶段的一种安置,某些新陈代谢的错误就像一系列化学反应的中断或者暂停。

在这样的一种疾病观念中,危害是非常严重的。如果在被看成一个整体的机体的层面上,它表现为与环境的搏斗,那么,它仍然停留在组织的根基上,在这个层面上,仍然仅仅保留着线性的特征,而且,从这里开始的,不是生物的统治,而是生物的秩序。疾病不是一个人的崩塌,不是让一个人屈服的进攻,而是以微分子形式出现的一种原始的缺陷。如果,在原则上,组织是一种语言,那么,在基因上决定的疾病,不是一种诅咒,而是一种误解。对血红素,存在着错误的解读,就像对手稿有错误的解读一样。

---

[1] 关于这一点,参见 R. Ruyer,《控制论与信息的起源》(*La cybernétique et l'origine de l'information*),1954;以及 G. Simondon,《个体及其物理-生物学起源》(*L'individu et sa genèse physico-biologique*),1964;22-24。

然而,在这里,我们所处理的语言不是从任何一张口中说出的,我们所处理的书写不是任何一只手写下的。因而,在缺陷背后不存在任何的恶意。生病就是变坏,但不是像坏孩子那样的坏,而是像贫穷的土地那样。疾病不再与个体的责任有关;不会再指责轻率的行为或者过度的行为,甚至不会有集体责任,比如在流行病中。作为生物,我们是生命繁殖法则的结果,作为病人,我们是一切的混合,比如爱、机遇等的结果。所有这一切使我们显得独一无二,正如有人说我们是来自于孟德尔式的(mendélienne)遗传的罐子里取出的蛋时,很多时候有人会写出这样的文字来安慰我们那样。独一无二,当然,但有时候结果却很糟糕。如果它仅仅是一个因为缺乏肝醛缩酶而造成的果糖代谢错误的问题,那并不是一个严重的问题。[1] 如果它是一个由于球蛋白合成的缺乏而造成的血友病,那就严重得多了。必须指出,如果涉及的是根据 J. 勒热纳(J. Lejeune)所说的决定了蒙古症的三体变异的色氨酸代谢错误呢?

* * *

"错误"这个术语,比疾病或痛苦这两个术语更少地调动情感性,然而是错误地调动,如果错误真的是失败的根源的话。这就是为什么把理论上的幻觉引入病理学词汇,或许会让某些人希望,这是一种向负面的生命价值的合理性的迈进。事实上,当实

---

[1] 参见 S. Bonnefoy,《果糖中遗传的非容忍性》(*L'intolérance héréditaire au fructose*),thèse méd., Lyon, 1961.

现了对错误的根除后,它是不可逆的,而治愈一种疾病有时候会向另一种疾病打开大门,因此就有了"对治疗来说很危险的疾病"这种似是而非的话。[1]

然而,可以这么认为,先天的有机错误绝不是一种保证。我们需要很多的澄清和勇气,才能够不偏向于这样一种疾病观念,即在其中,个体的负罪感仍然存在于对疾病的解释中。这种解释把因果律散布到了家族基因组中,散布到了继承人不能够拒绝的遗产中,因为遗产和继承人合为一体了。然而,最终,必须承认,关于错误的观念,就像病理学的概念一样,具有多义性。如果一开始它在一种形式的混乱中,是一个关于真相的错误,它被认为是生存的困难、痛苦或者某人的死亡所激发的研究的结论。就对死亡、痛苦以及生存的困难,也就是医学存在的理由的拒绝而言,酶的阅读错误,被那个把它作为一种行为的错误而不是行为者的错误来承受的人所经历。总之,使用这个词来指逻辑上的错误,并不能够成功地把焦虑的痕迹从医学语义学中祛除。这种焦虑,伴随着一种我们必须以一种原始的非正常性来考虑的观念。

把一个医学副本发展为遗传错误是合适的这种观念并不那么让人信服,当它被作为一种观念,而不是一种愿望的时候。根据定义,一种治疗不能够结束不是这场事故的结果的那些东西。遗传并不是物质的现代名字。我们可以想象,通过不停地把对某项功能的运作来说不可或缺的反应(反应的不完整的链条由它发展而来)的产物加诸于机体上,有可能消除新陈代谢的错误效果。

---

[1] Dominique Raymond,《治疗中的高危疾病》(*Traité des maladies qu'il est dangereux de guérir*,1757)。新版增加了 M. Giraudy 的注释(Paris, 1808)。

这正是在苯丙酮尿性智力发育不全中所成功地完成的事情。但是,补偿机体的生命缺陷,只会造成一种悲哀的解决。对异端的真正解决,就是灭绝。最终,为什么不梦想寻找一种异质的基因,梦想一种对基因的深究?而在等待过程中,为什么不剥夺可疑的公种畜在所有的肚子里留下生命种子的自由?我们知道,这些梦想不仅仅是具有不同的哲学信念的生物学家的梦想,如果我们可以这样说的话。然而,在做这样的梦时,我们进入了另一个世界,与奥尔德斯·赫胥黎(Aldous Huxley)更美好的世界接壤。有病的个休,他们特有的疾病,以及他们的医生,都从这个世界消失了。一个自然人口群的生活,被描述成彩票箱。由生命科学所代表的管理人员们,其任务在于,在玩家们被允许从箱子里抽出号码来填到自己的卡片上之前,确定号码的规则。在这个梦想的开头,我们有一个宏大的抱负,即分担无辜的和弱小的生物所承担的创造生命的错误的重担。最终,有了基因警察,藏在基因科学中。虽然如此,也绝不能得出结论说一个人必须尊重基因的"放任自流,畅行无阻",而只能记住这样的医学认识,即梦想绝对的治疗,就是梦想比疾病更糟糕的治疗。

* * *

如果由内在的化学异常造成的疾病有很多种类,没有一种会传播。如果不是这样,身体的智慧这一概念就会无关紧要。对此,人们会回答说,组织的错误与机体的智慧,即组织的结果并不矛盾。曾经的目的论的情况,也是今天的组织的情况。为了反对目的论,一个人总是提起生命的失败、机体的不和谐,或者生物种群微观的和宏观的天敌。但是,如果这些事实代表了对真正的、本体论的目的论的反对,它们就反对支持一种可能的、可操作的目的论的言论。如果存在着一种完美的、精巧的目的论,机体内的一致关系构成的系统,目的论的概念作为一个概念,作为一种生活的规划和思考模式就毫无意义,就因为在可能的组织和真实的组织之间所有的不一致并不在的情况下,就不会有思想的基础,不会有思考的基础。目的论的思想表现了生命的目的论的局限。如果这个概念有某种意义,那是因为它是关于某种意义的概念,关于一个可能的、没有得到保证的组织的概念。

事实上,关于生化疾病的稀有性的解释,在于这样的事实中,即遗传的新陈代谢的非正常,总是作为未激活的趋势隐藏着。在没有偶然地与生命环境的构成因素相遇的情况下,或者在那种生命竞争的效果缺席的情况下,这些非正常可以被它们的承载者忽略。正如并不是所有的病原性细菌决定了任何环境下的任何个体的感染一样,因而,并不是所有的生化性的损伤就是某个人的疾病。在某些生态环境中,有时它们甚至让所谓的受益者拥有某种优势。在人身上,比如,葡萄糖－6－磷酸酶脱氢酶只有当抗疟疾的药物(奎宁)被用在美国的黑人身上时,才会被检测到。据亨利·佩基尼奥(Henri Péquignot)博士所说:"当我们研究某种遗传的酶病在黑人中如何得以留存时,我们发现,这些人的状态是如此之好,以至于感染了这种'疾病'的人,对疟疾有着特别的抵抗力。他们在黑非洲的祖先,与那些不健康的人相比,是'正常的',因为他们能够抵抗疟疾,而别的人却因此而死去。"[1]

某些先天的生化错误,从机体与环境的关系中,获得了它们偶然的病态值,就像某种过失或者错误,如弗洛伊德所说,从与环境的关系中获得了作为某种症状的价值。在承认这一点的时候,我们是在谨慎地通过正常和病态与适应现象的简单关系来定义这两个术语。在四分之一个世纪后,这一观念在心理学和社会学中得到了不太恰当的扩展,以至于它们(即便是在生物学中)也只能在非常具有批判精神的情况下采用。用适应来对正常进行心理-社会的定义,意味着关于社会的这样一种观念,即在不知不觉中错误地把社会看得与环境相似,即与一个决定论的系统相似,然而这个系统是一个包含着各种限制的系统,它在个体与它发生关系前,就已经包含了对这些关系的性质进行衡量的集体标准。用社会不适应来定义非正常,就是在某种程度上接受这样的观念,即个体必须接受这样一个社会的现实,因而,必须让自己适应它,就像适应某种同时也是一件好事的现实那样。由于我们第一章的结论,对我们来说,能够接受这样一种定义,而不会被指责为安那其主义,似乎是很合理的。如果社会是各种手段糟糕组合的总体,那么,它们就没有权力用工具性的从属(它们在适应的名义下抬高了这种从属的价值)态度来定义正常性。在根本上,适应这个概念,在被移用到心理学和社会学后,又返回到了最初的

---

[1]《非适应性,一个社会现象》(*L'inadaptation, phénomène social*), Recherches et débats du C. C. I. F., Fayard édit., 1964:39. 正如人们可以在佩基尼奥博士在上述关于不适应的论辩中所看到的那样,他并没有区分非正常和不适应,而我在后面几页中的保守批评与此无关。

意义上。它是一个描述技术活动的普遍概念。人类调整自己的工具,并间接地调整自己的器官和行为,以适应这种物质,或者那种环境。从这一概念被引入 19 世纪的生物学那一刻起,它就保留了在引入领域中所具有的外在性关系方面的意义,一种机体和环境相对立的意义。这一概念由此被认为在理论上源于两条互相颠倒的原则,目的论和机械论。根据第一条原则,人类调整自己,以便寻求功能上的满足;根据另一条原则,人类在机械的、物理-化学的、或者生物学的(生物圈中的其他生命)秩序的必然性的影响下调整自己。在第一种解释中,适应是一种方案,能够解决以最佳的方式建立环境与生物需求的事实数据库的问题;而在第二种解释中,适应表达了一种平衡状态,其最低的界限划定了机体的最差状态,即死亡的危险。但是在两种理论中,环境被都认为是一种物理事实,而不是生物学事实,被认为是一种已经建立的事实,而不是一种将要建立的事实。然而,如果机体-环境的关系被认为是一种真正的生物学活动的效果,被认为是在寻找一种处境,让生物接受,而不是服从满足其需求的那些影响和性质,那么,生物所处的环境就是它们自己创造出来的,是以它们为中心的。在这个意义上,机体不是被抛掷到了一个它必须服从的环境中,而是它构造了环境,而且同时,它发展了自己作为一个机体所具有的能力。[1]

对处于技术-经济群体中心的人类所特有的环境和生活模式来说,情况尤其如此。这种环境的特征,在具体的地理环境中,

---

[1] 参见我的研究《生物及其环境》(«Le vivant et son milieu»),收入《生命的知识》(*La connaissance de la vie*)。

更多地是由人类所选择的活动所决定的,而不是由它们所接受的活动所决定的。在这些条件下,正常与非正常,不是由两方面独立的原因,即机体和环境的相遇所决定的,而是由机体在限定和构造自己的经验和活动,即所谓的环境时所能够使用的能量的数量所决定的。然而,你也许会问,衡量这种能量的数量的方法在哪里？除了在我们每个人的历史中外,没有任何地方可以找到。我们中的每一个人,通过选择其活动模式而建立了自己的标准。一个长跑选手的标准,不是短跑者的标准。我们中的每一个人,根据自己的年龄和以前的标准来改变自己的标准。退役的短跑运动员的标准不再是他当冠军时的标准。安全范围的不断缩小引起了对来自环境的侵犯的抵抗临界点的降低,这是正常的,也就是说,是与年龄增长的生物学规则相适应的。一个老人的标准,在这个人刚成年时被认为是不足的。这种关于标准在个体和时间方面的相对性的认识,不是对多样性的质疑,而是对多样性的包容。在1943年的文集中,我们把"标准化"称为在临界环境中挑战通常标准的生物学能力,并提出通过机体危机(它被新生理秩序的建立所克服)的严重程度来衡量健康程度。[1]

* * *

在《临床医学的诞生》这部让人赞叹、动容的著作中,米歇尔·福柯表明了比沙怎样让"医学观察围绕自身"进行,以从死亡

---

[1] 参见上文,132.

那里寻求关于生命的说明。[1] 我们并非生理学家，不大敢相信我们以同样的方式让疾病来解释健康。很明显，这就是我们想要做的事，以不再隐藏我们最终在亨利·佩基尼奥博士那里发现我们先前的抱负是可以理解的时所产生的兴奋："在过去，有些人试图建立一门关于正常的科学，却又不从被作为直接条件的病态开始，最终全部遭到了荒谬的失败。"[2] 由于我们对以上所分析的事实非常信服，即对生命的认识，像对社会的认识一样，假定了违反规则对规则性的优先性，我们将通过勾勒出一门关于正常人的矛盾的病理学，通过指出关于生物学正常性的意识包含着与疾病的关系，包含着把疾病作为这种意识所承认和需要的唯一标准来进行的利用，来结束这些关于正常和病态的思考。

正常人的疾病，指的是什么意思呢？不会是这样的意思，即只有正常人能生病，就像只有文盲能变聪明一样。也不会是这样的意思，即轻微的事件扰乱了平等和平衡状态（但又没有改变它），这些轻微事件包括：感冒、头痛、疹子、疝气，所有不具有症状价值的事件，所有没有警告的警报。正常人的疾病，应该是指从正常状态的持续中产生的障碍，在正常不可破坏的统一性中产生的障碍，以及在消除疾病的过程中产生的疾病，在与疾病几乎不相容的状况中产生的疾病。必须承认，正常人只知道自己处于所有人都不正常的世界中，从而，他知道他容易染上疾病，正如一个好的驾驶员知道他可能让他的船只搁浅，正如一个有礼貌的人知

---

[1]《临床医学的诞生》，148.

[2] 亨利·佩基尼奥，《医学入门》(*Initiation à la médicine*)，Paris, Masson édit., 1961:26.

道他可能会"失态"。正常人感到自己的身体可能失灵，然而又体验到了击退失灵的意外事件的确定性。在疾病状态下，正常人就是那些确信能够在自己的身上抓住那些在另一个身体中可能已经结束的东西。因此，为了能让正常人可以相信自己是正常的，并能自称是正常的，他所需要的就不是关于疾病的想象的滋味，而是疾病投下的阴影。

长期在一个有病人的世界里却不生病，会带来一种不自在。而如果这不是因为一个人比疾病更强大或者比其他人更强壮，而仅仅是因为时机还未显现，那又如何呢？而最终，当这个时机真的到来，一个人表现得很虚弱，和其他人一样毫无防备，或者更加没有防备，那又该如何呢？由此在正常人身上出现了一种总是保持正常的焦虑，一种对疾病的需要，以便来检验自己的健康（即把疾病作为一种证据），一种对疾病的无意的寻求，一种对疾病的挑衅。正常人的疾病就是在他自己的生物学自信中出现了某种裂缝。

我们对病理学的勾勒很明显是一种假想。它所取代的分析可以在柏拉图的帮助下很快得以重建。"在我看来，医生治病有错误，你是不是正因为他看错了病称他为医生？或如会计师算账有错，你是不是在他算错了账的时候，正因为他算错了账才称他为会计师呢？不是的。这是一种马虎的说法，他们有错误，我们也称他们为某医生、某会计或某作家。实际上，如果名副其实，他们都是不得有错的。严格来讲——你是喜欢严格的——艺术家也好，手艺人也好，都是不能有错的。须知，知识不够才犯错误。

错误到什么程度,他和自己的称号就不相称到什么程度。"[1] 让我们把以上关于医生的话用在他的客户身上。我们可以说,健康人在健康的时候,不会生病。没有一个健康人会生病,因为只有在他的健康离弃了他的情况下,他才会生病,当然,他也因此不是健康的了。所谓的健康人由此**并非**是健康的。他的健康,就是他在最初的裂缝出现时挽回的一种平衡。疾病的威胁是健康的组成部分。

结　语

我们关于正常的观念,毫无疑问,是非常古老的,尽管它是(毫无疑问因为它就是)——正如有人在 1943 年向我们指出的那样——一个人在年轻的时候所能形成的那种关于生命的观念。我们很高兴(并要求得到许可)把一个并非针对我们的判断运用在我们自己身上:"'正常'这种理想的概念与刚刚生病的主体先前的愉快状态混同了起来……因此,唯一被确认的病理学,是一种年轻的主体的病理学。"[2] 毫无疑问,年轻人的鲁莽使其相信自己达到了研究关于标准和正常的医学哲学的高度。这一使命的困难让人发抖。今天,当我们在完成这一续集的时候,对此非常清楚。承认了这一点,读者就能够衡量,与我们关于标准的讨论相适应,我们随着时间的推移,是如何降低了我们的标准的。

---

[1] 柏拉图,《理想国》(*La République*), 340d, Chambry 译, Les Belles-Lettres.
[2] 亨利·佩基尼奥,《医学入门》,20.

二、关于正常和病态的新思考(1963 -1966) *251*

参考文献

Outre les ouvrages et articles cités en référence dans les pages précédentes, la liste ci-dessous comporte quelques autres textes ayant alimenté notre réflexion.

ABRAMI (P.), Les troubles fonctionnels en pathologie (Leçon d'ouverture du Cours de pathologie médicale de la Faculté de médecine de Paris), *La Presse médicale*, 23 décembre 1936.
AMIEL (J.-L.), Les mutations : notions récentes, in *Revue française d'études cliniques et biologiques*, X, 1965 (687-690).
BACHELARD (G.), *La terre et les rêveries du repos*, Paris, Corti, 1948.
BACQ (Z. M.), *Principes de physiopathologie et de thérapeutique générales*, Paris, Masson, 1963, 3e éd.
BALINT (M.), *Le médecin, son malade et la maladie*, trad. fr., Paris, Presses Universitaires de France, 1960.
BERGSON (H.), *Les deux sources de la morale et de la religion* (1932), Paris, Alcan, 1937, 20e éd.
BERNARD (Cl.), *Introduction à l'étude de la médecine expérimentale* (1865), Paris, Delagrave, 1898.
— *Principes de médecine expérimentale*, Paris, Presses Universitaires de France, 1947.
BONNEFOY (S.), *L'intolérance héréditaire au fructose* (thèse méd.), Lyon, 1961.
BÓSIGER (E.), Tendances actuelles de la génétique des populations, in *La Biologie, acquisitions récentes* (XXVIe Semaine internationale de Synthèse), Paris, Aubier, 1965.
BRISSET (Ch.), LESTAVEL et coll., *L'inadaptation, phénomène social* (Recherches et débat du C.C.I.F.), Paris, Fayard, 1964.
BUGARD (P.), *L'état de maladie*, Paris, Masson, 1964.
CANGUILHEM (G.), *La connaissance de la vie* (1952), Paris, Vrin, 1965, 2e éd.
— Le problème des régulations dans l'organisme et dans la société *(Cahiers de l'Alliance Israélite universelle*, n° 92, sept.-oct. 1955).
— La pensée de René Leriche, in *Revue philosophique* (juillet-sept. 1956).
— Pathologie et physiologie de la thyroïde au xixe siècle, in *Thalès*, IX, Paris, Presses Universitaires de France, 1959.
CANGUILHEM (G.), LAPASSADE (G.), PIQUEMAL (J.), ULMANN (J.), Du développement à l'évolution au xixe siècle, in *Thalès*, XI, Paris, Presses Universitaires de France, 1962.

CANNON (W. B.), *La sagesse du corps*, Paris, Editions de la Nouvelle Revue Critique, 1946.
CHESTERTON (G. K.), *Ce qui cloche dans le monde*, Paris, Gallimard, 1948.
COMTE (A.), *Cours de philosophie positive*, t. III (1838), 48ᵉ Leçon, Paris, Scleicher, 1908.
— *Système de politique positive*, t. II, (1852), chap. V, Paris, Société Positive, 1929.
COURTÈS (F.), La médecine militante et la philosophie critique, in *Thalès*, IX, Paris, Presses Universitaires de France, 1959.
DAGOGNET (F.), Surréalisme thérapeutique et formation des concepts médicaux, in *Hommage à Gaston Bachelard*, Paris, Presses Universitaires de France, 1957.
— La cure d'air : essai sur l'histoire d'une idée en thérapeutique, in *Thalès*, X, Paris, Presses Universitaires de France, 1960.
— *La raison et les remèdes*, Paris, Presses Universitaires de France, 1964.
DECOURT (Ph.), Phénomènes de Reilly et syndrome général d'adaptation de Selye (*Etudes et Documents*, I), Tanger, Hesperis, 1951.
DUYCKAERTS (F.), *La notion de normal en psychologie clinique*, Paris, Vrin, 1954.
FOUCAULT (M.), *La naissance de la clinique*, Paris, Presses Universitaires de France, 1962.
FREUND (J.), *L'essence du politique*, Paris, Sirey, 1965.
GARROD (S. A.), *Innborn errors of metabolism*, Londres, H. Frowde, 1909.
GOUREVITCH (M.), *A propos de certaines attitudes du public vis-à-vis de la maladie* (thèse méd.), Paris, 1963.
GRMEK (M. D.), La conception de la santé et de la maladie chez Claude Bernard, in *Mélanges Koyré*, I, Paris, Hermann, 1964.
GROTE (L. R.), Über den Normbegriff im ärztlichen Denken, in *Zeitschrift für Konstitutionslehre*, VIII, 5, 24 juin 1922, Berlin, Springer.
GUIRAUD (P. J.), *La grammaire*, Paris, Presses Universitaires de France (« Que sais-je ? », n° 788), 1958.
HUXLEY (J.), *La génétique soviétique et la science mondiale*, Paris, Stock, 1950.
IVY (A. C.), What is normal or normality ? in *Quarterly Bull. Northwestern Univ. Med. School*, 1944, *18*, Chicago.
JARRY (J.-J.), AMOUDRU (C.), CLAEYS (C.), et QUINOT (E.), La notion de « Norme » dans les examens de santé, in *La Presse médicale*, 12 février 1966.
KAYSER (Ch.), *Physiologie du travail et du sport*, Paris, Hermann, 1947.
— Le maintien de l'équilibre pondéral (*Acta neurovegetativa*, XXIV, 1-4), Vienne, Springer.
KLINEBERG (O.), *Tensions affecting international understanding. A survey of research*, New York, Social Science Research Council, 1950.
LEJEUNE (J.), Leçon inaugurale du cours de génétique fondamentale, in *Semaine des hôpitaux*, 8 mai 1965.
LEROI-GOURHAN (A.), *Le geste et la parole* ; I : *Technique et langage* ; II : *La mémoire et les rythmes*, Paris, A. Michel, 1964 et 1965.

二、关于正常和病态的新思考(1963 -1966) 253

LESKY (E.), *Österreichisches Gesundheitswesen im Zeitalter des aufgeklärten Absolutismus*, Vienne, R. M. Rohrer, 1959.
LÉVI-STRAUSS (C.), *Tristes tropiques*, Paris, Plon, 1955.
LWOFF (A.), Le concept d'information dans la biologie moléculaire, in *Le concept d'information dans la science contemporaine*, Paris, Les Editions de Minuit, 1965.
MAILY (J.), *La normalisation*, Paris, Dunod, 1946.
MÜLLER (H. J.), *Hors de la nuit*, Paris, Gallimard, 1938.
PAGÈS (R.), Aspects élémentaires de l'intervention psycho-sociologique dans les organisations, in *Sociologie du travail*, V, 1, Paris, Ed. du Seuil, 1963.
PÉQUIGNOT (H.), *Initiation à la médecine*, Paris, Masson, 1961.
PLANQUES (J.) et GREZES-RUEFF (Ch.), Le problème de l'homme normal, in *Toulouse Médical* (54ᵉ année, 8, août-sept. 1953).
RAYMOND (D.), *Traité des maladies qu'il est dangereux de guérir* (1757). Nouv. édition par M. GIRAUDY, Paris, 1808.
ROLLESTON (S. H.), *L'âge, la vie, la maladie*, Paris, Doin, 1926.
RUYER (R.), *La cybernétique et l'origine de l'information*, Paris, Flammarion, 1954.
RYLE (J. A.), The meaning of normal, in *Concepts of medicine, a collection of essays on aspects of medicine*, Oxford-Londres-New York-Paris, Pergamon Press, 1961.
SELYE (H.), Le syndrome général d'adaptation et les maladies de l'adaptation, in *Annales d'endocrinologie*, 1964, nᵒˢ 5 et 6.
— *Stress*, Montréal, 1950.
— D'une révolution en pathologie, in *La Nouvelle nouvelle Revue française*, 1ᵉʳ mars 1954.
SIMONDON (G.), *L'individu et sa genèse physico-biologique*, Paris, Presses Universitaires de France, 1964.
STAROBINSKI (J.), Une théorie soviétique de l'origine nerveuse des maladies, in *Critique*, 47, avril 1951.
— Aux origines de la pensée sociologique, in *Les Temps modernes*, décembre 1962.
STOETZEL (J.), La maladie, le malade et le médecin : esquisse d'une analyse psychosociale, in *Population*, XV, nᵒ 4 août-sept. 1960.
TARDE (G.), *Les lois de l'imitation*, Paris, Alcan, 1890.
TUBIANA (M.), Le goitre, conception moderne, in *Revue française d'études cliniques et biologiques*, mai 1962.
VALABREGA (J.-P.), *La relation thérapeutique : malade et médecin*, Paris, Flammarion, 1962.
VANDEL (A.), *L'homme et l'évolution*, Paris, Gallimard, 1949 ; 2ᵉ éd., 1958.
— L'évolutionnisme de Teilhard de Chardin, in *Etudes philosophiques* 1965, nᵒ 4.
WIENER (N.), The concept of homeostasis in medicine, in *Concepts of medicine* (voir à RYLE).
— L'homme et la machine, in *Le concept d'information dans la science contemporaine*, Paris, Les Editions de Minuit, 1965.

人名索引

阿布拉米　Abrami(P.)　205
达朗贝尔　Alembert(D')　182
亚里士多德　Aristote　188, 209

巴什拉　Bachelard(G.)　176, 178
巴克　Bacq(Z. M.)　205, 206
柏格森　Bergson(H.)　185, 186
贝尔纳　Bernard(Cl.)　172, 190, 195
比沙　Bichat(X.)　215
布朗　Brown(J.)　172

加农　Cannon(W. B.)　194, 195
切斯特顿　Chesterton(G. K.)　192, 193
孔德　Comte(A.)　186, 187

达高涅　Dagognet(F.)　205, 206
戴尔　Dale(S. H.)　206
笛卡儿　Descartes(R.)　180

狄德罗　Diderot（D.）　179，182

福柯　Foucault（M.）　215

加洛德　Garrod(S. A.)　207

吉罗　Guiraud(P.)　182

霍尔丹　Haldane(J. B. S.)　199

赫胥黎　Huxley（A.）　212

艾维　Ivy（A. C.）　199

康德　Kant（E.）　171，176，180

凯尔森　Kelsen(H.)　184，185

克兰伯格　Klineberg(O.)　203

拉封丹　La Fontaine　184

拉帕萨德　Lapassade（G.）　198

劳吉尔　Laugier（H.）　199

勒热纳　Lejeune(J.)　210

勒利希　Leriche(R.)　172，180

高汉　Leroi-Gourhan（H.）　190

列维－斯特劳斯　Lévi-Strauss（C.）　179，191

利特雷　Littré（E.）　181

罗弗　Lwoff（A.）　199

迈利　Maily（J.）　183

马克思　Marx（K.）　199

梅茨　Metz（B.）　199

缪勒　Müller（H.J.）　193

奥维德　Ovide　179

帕耶　Pagès（R.）　203

佩基尼奥　Pequignot（H.）　213，215，218

毕克马　Piquemal（J.）　198

柏拉图　Platon　181，217

凯特勒　Quetelet（A.）　196

雷蒙　Raymond（D.）　211

雷利　Reilly（J.）　204，205

卢梭　Rousseau（J.J.）　179

鲁耶　Ruyer（R.）　209

莱尔　Ryle（J.A.）　201，202

薛利　Selye（H.）　204，205

西蒙顿　Simondon（G.）　209

斯塔林　Starling（E.S.）　194

斯塔罗宾斯基　Starobinski（J.）　179

塔尔德　Tarde（G.）　189

蒂比亚纳　Tubiana（M.）　208

乌尔曼　Ulmann（J.）　198
旺代尔　Vandel（A.）　197
伏日拉　Vaugelas　181

附 录

生命:经验与科学[1]

[法] 米歇尔·福柯

众所周知,法国几乎没有逻辑学家,却有为数众多的科学史家;而且,在"哲学机构"——不管是以教学为重心的还是以研究为重心的——中,他们占据了相当的位置。然而,人们是否确切地知道,在过去的 15 或者 20 年中,一直到这一机构的最前沿,像乔治·康吉莱姆的这本书那样的著作,对那些与这一机构相隔离的人们,或者挑战这一机构的人们来说,所具有的重要性?是的,我知道,有一些更热闹的舞台:精神分析、马克思主义、语言学、人种学。然而,我们不要忘了,这一事实——随你怎么想——取决于有关法国的思想环境、我们的大学机构或者文化价值体系之运作的社会学:就过去这奇怪的 60 年而言,在所有相关的政治的、科学的讨论中,"哲学家们"——我仅仅是指那些在哲学系接受了大学训练的人们——的角色十分重要:或许就某些人的意愿而

---

[1]《生命:经验与科学》(La vie : l'expérience et la science) 一文原为福柯为康吉莱姆《正常与病态》英文版所写的导言(Introduction),本文根据 Carolyn Fawcett 英译《正常与病态》(On the Normal and the Pathological, Boston, Reidel Publishing Company, 1978:7 - 24)中的导言译出。——译注

言,是过于重要了。而且,所有或者几乎所有的哲学家们,都直接或间接地与乔治·康吉莱姆的教学或者著作有关。

由此产生了一个悖论:这个人(他的著作是严肃的)刻意而精心地固守在科学史的一个特定领域(它在任何情况下都不会混同于任何一个特定的学科),却莫名其妙地发现自己出现在了自己一直留意着不要卷入的讨论中。然而,抛开康吉莱姆,你就无法更好地理解阿尔都塞、阿尔都塞主义,无法更好地理解在法国的马克思主义者中所进行的一系列讨论;你也不可能领会像布尔迪厄、卡斯特(Castel)、帕斯隆(Passeron)的独特之处以及让他们在社会学中引人注目的东西;你也会错过精神分析家的理论著作的整个方面,尤其是拉康的追随者们的著作。更有甚者,在有关1968年运动前后的思想的整个讨论中,我们很容易找到那些或近或远地受过康吉莱姆训练的人的位置。

我并没有忽视这些在战后的几年里造成了马克思主义者和非马克思主义者、弗洛伊德主义者和非弗洛伊德主义者、某个具体学科中的专家和哲学家、学术与非学术、理论家和政治家产生对立的分裂。在这种情况下,对我来说,人们似乎会发现另一条分界线,穿越了所有这些对立。它是一条把经验、感觉和主体的哲学与知识、理性和概念的哲学区分开来的分界线。一边是萨特和梅洛-庞蒂的传统;而另一边是卡瓦耶斯(Cavailles)、巴什拉和康吉莱姆的传统。换句话说,我们所处理的是两种模式。直到很晚时——1930年左右,现象学——如果说没有变得很有名——至少最终得到了承认。也正是在那时,法国人依照这两种方式重拾现象学研究。法国的当代哲学即源于这几年。胡塞尔在1929年所做的有关先验现象学的演讲(Gabrielle Peiffer 和 Emmanuel

Levinas 的译本为 *Meditations cartesiennes*，巴黎 Colin 出版社，1931；Dorion Cairns 的译本为 *Cartesian Meditations*，海牙 Nijhoff 出版社，1960）为这一刻的标志：现象学通过这一文本进入了法国。但它允许有两种解读：其一，沿着主体哲学的方向——这就是萨特的论文《论自我的超验性》(« Transcendance de l'Ego»，1935）；另一种，则是回到了胡塞尔思想的基础性原理上：形式主义和直觉主义的原理、科学理论的原理，而在 1938 年，卡瓦耶斯发表了两篇关于公理方法（axiomatic method）和总体理论的形成（formation of set theory）的论文。在一系列的调整、分裂、互动甚至重新结合后，不管它们是什么样子，法国的这两种思想形式，已经构成了两种在根本上依然保持着异质性的哲学方向。

表面上，第二种方式随即保持着最理论化、最致力于思辨任务，而且最学术的姿态。而且，也正是这种方式，在 20 世纪 60 年代，当某种不仅仅涉及大学，而且涉及知识的地位和角色的"危机"发生时，扮演着最重要的角色。我们必须自问，为什么这样一种思维模式，按照其自身的逻辑来说，最终能够如此深刻地与当下联系起来。

毫无疑问，其中一个基本原因在于：科学史利用了其中一个被秘密地引入到 19 世纪晚期哲学中的主题：理性思考第一次受到了质疑，而且不仅是从其本质、基础、力量和权利方面，还从其历史和地理方面；从其刚刚经历的过去以及它当下的现实；从其时间和地点。这就是门德尔松（Mendelssohn）以及康德于 1784 年在《柏林月刊》（*Berlinische Monatschrift*）上试图回答的问题：《什么是启蒙？》(« Vas ist Aufklärung? »)。这两个文本宣示了一个"哲学杂志"的诞生。它与大学教学一道,是19世纪哲学的体制化园地的主要形式(我们知道它有时候是多么肥沃,正如在19世纪40年代的德国那样)。它们还让哲学向一个整体的历史-批评的维度开放。这项工作通常涉及两个目标。这两个目标事实上是不可分离的,而且不断地彼此呼应:一方面,当西方第一次宣称自治和主权的时候,要搞清楚这个时刻到底是什么(从它的年表、构成因素和历史环境):路德改革、"哥白尼革命"、笛卡儿哲学、伽利略对自然的数学化、牛顿物理学? 另一方面,分析当前的"时刻",而且,从这种理性的历史本身的角度,从当下可能的平衡本身的角度,来寻求必须伴随着这样的奠基性的行为而建立起来的一种关系:重新发现、重拾某个被遗忘的方向、完善或者分裂、返回到某个更早的时刻,等等。

毫无疑问,我们需要追问,为什么这个从未消失的有关启蒙的问题,在德国、法国和盎格鲁-撒克逊国家会有不同的命运;为什么在不同的地方,它会被人们根据如此不同的年表,被引入到如此不同的领域中。我们要说,无论如何,德国哲学首先是在关于社会的历史和政治思考中,赋予它实质的(有一个特殊的时刻:路德改革;还有一个中心问题:宗教经验与经济和国家的关系);从黑格尔主义者到法兰克福学派、卢卡奇、费尔巴哈、马克思、尼采和马克斯·韦伯,它都见证了这一点。在法国,是科学史首先支持了这个关于启蒙的哲学问题;孔德和他的追随者的实证主义,终究是一种方式,来重新思考门德尔松和康德在全部社会的普遍性历史的层面上所提出的问题。知识崇拜、知识的科学形式,以及表现中的宗教内容;或者从前科学或者科学时代发生的转折;以传统经验为基础的理性认识方式的构成;在思想史和信仰史中,一种适于科学认识的历史类型的出现;理性的起源和临界点——正是在这一形式下,通过实证主义(以及对它的反对),通过迪昂(Duhem)、庞加莱,以及关于科学主义的激烈争论和关于中世纪科学的学术讨论,这个关于启蒙的问题被引进了法国。而如果现象学在经历了太长的边缘期后最终迎来了自己的强势出击,毫无疑问,那正是胡塞尔在《笛卡儿式的沉思》(*Descartesian Meditations*)与《欧洲科学危机和超验现象学》(*The Crisis of European Sciences and Transcendental Phenomenology*, David Car, Evanston, HI., Northwestern University Press, 1970)中提出关于"西方"理性的普遍发展工程、科学的实证性和哲学的激进性之间的关系问题那一天。

如果我坚持这些看法,那是为了证明一个半世纪以来,在法国,科学史打上了哲学的印记。而且这些印记很容易被辨认。像柯瓦雷(Koyre)、巴什拉或者康吉莱姆等人的著作,事实上,本来可以把科学史上那些"局部性的"、按时间顺序精确定义的领域,作为具体的参照中心,然而,鉴于它们在不同的方面都让这个对当代哲学极为重要的启蒙问题发挥了作用,它们把哲学阐述当成了重心。

如果我们要在法国之外找到与卡瓦耶斯、柯瓦雷、巴什拉和康吉莱姆的著作相对应的东西,那么,毫无疑问,我们在法兰克福学派那里能够找到。而且,他们的风格非常不同:行事的方式、所处理的领域。但最终,两者都提出了同样的问题,尽管他们在这里被关于笛卡儿的记忆所纠缠,在那里又被路德的幽灵所魅惑。这些追问,必须针对某种理性。这种理性发出某种普遍性的宣言,却又在偶然性中发展;它宣称某种统一性,却又通过局部的修订而继续推进，而不是通过整体的重造；它通过自身的主权而显示出了独创性，然而在自身的历史中，并没有和压迫它、抑制它的惯性、压力完全分离。在法国的科学史中，就像在德国的批评理论中那样，我实质上要考察的是一种理性。这种理性的结构的自主性，本身带有教条主义和专制主义的历史。最终，这种理性只有在成功地把自身从自身中解放出来的条件下，才具有解放的功效。

作为20世纪后半叶的标志，还有几个过程，通向了和启蒙问题有关的几个当代关注热点的中心。首先是科学技术理性在生产力的发展和政治决策的过程中所取得的重要性。其次，是一场"革命"的历史本身。这场革命的希望，自19世纪末以来，一直带有一种理性主义。对这种理性主义，我们有权追问，它在这一希望失落的地方，对专制主义效果所发挥的作用。

最后，第三个，就是在殖民时代结束时兴起的一场运动。通过这场运动，人们开始追问西方，它的文化、科学、社会组织，以及它的理性，有什么权力可以具有普遍的合法性：它是不是一个和经济统治和政治霸权捆绑在一起的幻象？两个世纪后，启蒙又回来了：但完全不是作为一种途径，使西方意识到自身可以进入的那种真实的可能性和自由，而是为它提供了一条途径，质疑自己所滥用的权力的界限。理性——专制的启蒙。

我们不应该感到惊讶的是，科学史以乔治·康吉莱姆所赋予的特殊形式，本来可以在法国当下的讨论中占领中心位置，尽管他的角色一直处于些许的隐蔽状态。

在科学史中，正如在法国所实践的那样，乔治·康吉莱姆带来了一场重要的调整。宽泛地说,科学史优先地,如果不是排他性地,关注"高贵"的学科。这种"高贵",是就它们的建立的古老性、它们高度的形式化,以及它们对数学化的适应性而言的;是就它们在科学的实证主义等级体系中所占有的优先地位而言的。从古希腊到莱布尼茨,这些学科,简而言之,一直是哲学的一个有机组成部分。为了保持和这些学科的亲近,科学史隐藏了它认为必须要遗忘的东西:即它不是哲学。康吉莱姆几乎所有的著作都集中在生物学史和医学史上,完全明白一门学科的发展所提出来的问题具有的理论重要性,并不必然与它所达到的形式化程度相匹配。由此,他将科学史从高处(数学、天文学、伽利略力学、牛顿物理学、相对论)一直带到了这样一个地方:在那里,知识不那么具有推论性,而更加依靠外部过程(经济的刺激和机构的支持),而且,它与想象力的奇迹更长久地捆绑在一起。

然而,在带来这一调整的过程中,康吉莱姆所做的,不仅仅是确保对那些相对被忽略的领域进行重估。他并没有简单地扩展科学史的领地;他在一系列关键的方面重新塑造了这门学科。

1. 他重拾了"非连续性"这个话题——这个古老的话题很早就引人注目了,或者,从当下的观点来看,几乎从科学史的诞生时起就引人注目。丰特奈尔(Fontenelle)说,造就这种历史的,正是某些"白手起家"的科学的突然形成;某些几乎不可想象的飞速进步;把科学知识从"普通运用"分离开来的那些间隔,以及某些刺激科学家们的动机;而此外,还有这种历史所具有的辩论性形式,它一直不断地讲述着反对"偏见""抵抗"和"障碍"的斗争。[1] 在重拾这一同样被柯瓦雷和巴什拉详细阐述过的话题时,康吉莱姆坚持认为,对他来说,突出非连续性,既非前提,也非结果,而是一种"行为方式",一种作为科学史的有机组成部分的进步,因为它是由自身所要处理的对象所召唤来的。事实上,这种科学史并非一种真理的历史,并非它缓慢显灵(epiphany)的历史;我们不能够宣称说,它重新叙述了对"铭刻于事物和精神上的"某种真理的不断发现,除了做出如下的设想:当代的认识最终会非常完全地、明确地占有它,以至于它可以从它出发来衡量过去。而科学史并非一种纯粹而简单的思想史,或者思想在被抹杀之前出现时所处的环境的历史。在科学史中,真理不能够作为后天获得的东西来呈现,而人们也不能够忽略与真理、真-伪之对立的关系。正是对"真-伪"的参照,赋予了这种历史具体性和重要性。以什么样的形式?它是通过这样的设想:人们正在处理的,是"真实的话语",即那些调整、修正自身,并且让"说出真理"这个任务所完成的一整套阐述来影响自身的话语。科学发展的不同时刻之间可能具有的历史联系,必然具有这种形式的非连续性。这种非连续性的建立,是通过这样的方式来进行的:修正、改造、阐明新的基础、规模的变化、向一种新型的目标过渡——"通过彻底的检查和完善而对内容进行不断地修订",正如卡瓦耶斯所说。谬误的消除,不是通过真理那时常从阴影中浮现的隐藏力量来消除的,而是通过

---

[1] 丰特奈尔,《科学院史序言》(*Preface à l'Histoire de l'Academie*), vol. 6, "Oeuvres" edition, 1790:73-74. 康吉莱姆在《科学史导论》(*Introduction à l'Histoire des Sciences*, vol. 1, Paris, 1970:7-8)中引用了这篇文章。

形成一种新的"言说真理"[1]的方式来消除的。导致科学史在18世纪初形成的那种可能性的条件之一,正如康吉莱姆所指出的那样,就是意识到最近已经出现了科学的"革命":代数几何与微积分的革命、哥白尼和牛顿的宇宙学。[2]

2. 如果一个人说到"真实的话语的历史",那他也就说到了复现的方法。这不是科学史说出如下这些话那个意义上的复现的方法:让真理在今天最终得到承认,人们预见它多久了,应该选择哪一条路,为了发现它和证明它,避免了哪些错误? 而是在这个意义上的复现方法:这种真实的话语后续的转变不断地重新塑造着它们自己的历史;曾经长时间一直是一个死胡同的东西,现在变成了一个出口;一种"次要"的尝试变成了一个中心的问题,而围绕它的其他问题都退隐了;一个略微偏差的步骤变成了一个根本的突破:对无细胞发酵的发现——在巴斯德和他的微生物学占统治地位的时期的一种"次要"的现象——只有在关于酶的生理学得到发展时才变成了一个重要的突破。[3] 总之,非连续性的历史并不是一劳永逸地实现的;它本身是"暂时性的"和非连续性的。

我们是否必须由此得出如下结论:每时每刻,科学都在不由

---

[1] 关于这一主题,参见康吉莱姆的《生命科学史中的意识形态和理性》(*Idéologie et rationalité dans l'histoire des sciences de la vie*), Paris, 1977:21.

[2] 参见康吉莱姆的《科学史和科学哲学研究》(*Études d'histoire et de philosophie des sciences*), Paris, 1968:77.

[3] 康吉莱姆再次重提了 Florkin 在《生物化学史》(*History of Biochemistry*, Amsterdam, 1972–1975)中所处理的例子。

自主地创造着和重造着自己历史,以至于一门科学唯一合法的历史书写者只能是科学家自己,让他重新塑造他过去所从事的一切?对康吉莱姆来说,这个问题并不是一个职业的问题:它是一个观点的问题。科学史不能够满足于仅仅把过去的科学家能够相信和能够证明的东西组合在一起;植物生理学的历史的书写,不是为了让

> 人们所说的植物学家、医师、化学家、园艺师、农学家进行消遣。经济学家也可以写,联系那些有时候被称为野草、有时候被称为花草、有时候被称为植物的东西的结构和功能之间的关系,调动自己的想象、观察或者经验。[1]

然而,人们书写科学史,既不是通过一系列陈述或者当下合法的理论来重新筛选过去,以便在"错误"的东西中揭示出真理的到来,在真理中让错误随后显示出来。这里存在着一个康吉莱姆的方法的基本要点:科学史可以存在于它所拥有的,而通过考虑纯粹历史学家和科学家之间的认识论观点才显得具体的东西里面。正是这种观点,通过不同的科学认识的阶段而带来了"潜在的、有秩序的进步":这意味着对陈述、理论和对象的淘汰和选择,在每一刻都是按照一定的标准来进行的;而这种标准不能够等同于一种理论框架或者现行的范式,因为今天的科学真理本身也仅仅是它的一个插曲——可以说,最多是临时的。人们并不是依靠

---

[1]《生命科学史中的意识形态和理性》,14.

T. S. 库恩那个意义上的"常规科学"才能够回到过去并合法地追踪其历史:正是在重新发现"常规"过程的行动中,关于它的当下知识才仅仅是它的一个瞬间,而没有一个能够——不用预测——预见未来。康吉莱姆引用苏姗妮·巴什拉(Suzanne Bachelard)的话说,这种科学史只有在"一个理想的时空"中才能够创造自己的对象。而科学史的这个时空,不是通过历史学家的博学而积累起来的"现实的"时间来赋予的,也不是今天的科学权威地切割出的理想化空间来赋予的,而是通过认识论的观点来赋予的。后者并不是所有科学或者每一种可能的科学陈述的一般性理论;它是在不同的科学活动中对标准化的寻求,由此它们有效地发挥了作用。因而,我们所处理的,是一种不可或缺的理论反思。一种科学史自身以与一般历史不同的方法来构成这种反思;而反过来,如果认识论要区别于在一个特定时刻某门科学中所进行的结构的简单再生产,那么,科学史所开放的分析领域,对它来说,也是不可或缺的。[1] 在康吉莱姆所使用的方法中,对"非连续性论"分析的详细交代和对科学/认识论关系的历史阐述是同步进行的。

3. 现在,在把生命科学放入到这个历史-认识论的视野中时,康吉莱姆揭示了一系列的重要特质,使得这些学科显示出了自己的发展;而对于它们的历史研究者来说,它们提出了具体的问题。人们曾经相信,在比沙的时代,在研究生命现象的生理学和进行疾病分析的病理学之间,人们能够解开那些为了"治疗"而研究人体的人心目中长久的困惑;而且,由此摆脱了对实践的直

---

[1] 关于认识论和历史的关系,特别可以参见《生命科学史中的意识形态和理性》的导论,11 - 29.

接操心,以及对机体好坏的价值判断,人们最终能够发展出一门纯粹的、严格的"生命科学"。然而,事实证明,如果不考虑对象非常关键的疾病、死亡、畸形、非正常、错误(即便遗传学给予这个词的意义完全不同于18世纪的物理学家们在谈论自然的错误时所要表达的意义),要建立生命科学是不可能的。你可以看到,生物涉及自我的调整和自我保存过程;随着精细程度加深,我们知道了保障它们的物理-化学机理:然而它们凸显出了一种独特性。这种独特性,生命科学是必须考虑的,除了它们自身忽略了构成它们的对象和自身领域的那些东西。

由此,生命科学中出现了一个悖论事实:这就是,如果"科学化"的过程是通过揭示物理和化学的机理来实现的,是通过建立注入细胞与分子化学,或者生物物理学这样的领域来实现的,是通过数学模型的运用来实现的,等等……另一方面,只有当生命的独特性问题,以及它在所有自然生物当中所设立的临界点的问题不断地被作为一个挑战时,它才能够得到发展。[1] 这并不意味着活力论(它散播了许多形象,留下了许多不朽的神话)是正确的。它并不意味着这种观点(它经常深深地植根于不那么严密的哲学中)必须建立起关于生物学家的不可征服的哲学。它仅仅意味着它曾经拥有,而且毫无疑问,仍将在生物学史中拥有"指示器"的关键角色。而这存在于两个方面:作为一个需要解决的问题的理论指示器(也就是,总的来说,构成了生命的原创性,而却没有在自然界中构成一个王国的那种东西);作为一个避免减少的关键指示器(也就是那些似乎要忽略这一事实的东西:生命科

---

[1]《研究》(*Études*),239.

学如果没有涉及保存、调整、适应、再生产等价值的地位,就不可能存在)。"这是一种需求,而不是一种方法,是一种伦理而不是一种理论。"[1]

在这一点上推而广之,我们可以说,在康吉莱姆所有的著作中,从1943年的《关于正常和病态的几个问题的论文》,到1977年的《生命科学史中的意识形态和理性》,一贯的问题都是生命科学与活力论之间的关系:他对这个问题的处理,是通过展示疾病问题作为一个对每一种生命科学来说都十分关键的问题的不可简化性,以及研究构成了生命科学的思辨氛围和理论环境的那些东西。

4. 康吉莱姆在生物学史中优先研究的,是"概念的形成"。他所从事的很多历史考察都转向了这一建立:反射、环境、怪异、畸形、细胞、内分泌和调节的概念。关于这,有几条理由。首先,因为严格意义上的生物学概念的作用在于,从"生命"现象的整体中,分离出一些现象,允许人们无需采取简化手段来分析生命体特有的过程(由此,在遗传特有的相似、消失、混合、复现现象中,"遗传特征"这一概念带来了一种类似的"分离"):生物科学并没有确切的对象,除非是通过"想象"。然而,另一方面,这一概念并没有建立起分析无法超越的界限:相反,它必须对一种可理解的结构保持开放,以便让基础的分析(化学的或物理的分析)可以允许人们展示出生命体的特有过程(同样,遗传特征这个概念引发了对繁殖的机制的化学分析)。康吉莱姆认为,为了对生命体进

---

[1] 康吉莱姆,《生命的知识》(*La connaissance de la vie*),第2版,Paris,1965:88.

行特定的分析,与外在相似性有关的还原被消除了,此时,一种观念立刻就变成了一个生物学概念;然而,普罗查斯卡(Prochaska)在有关感觉运动功能及其与大脑有关的集中化的分析中写下它时,情况确实如此。[1] 毫无疑问,康吉莱姆允许我们这样说,即在物理学史上可以被看作是具有战略性的决定意义的时刻,正是理论的形成和建立的时刻;然而,在生物科学史上具有重要意义的时刻,则是建立对象和形成概念的时刻。

生命科学要求以某种方式来造就它们的历史。它们还以一种独特的方式提出了关于知识的哲学问题。

生命和死亡本身绝不是物理问题,尽管在他的著作中,甚至物理学家都冒着自己或他人的生命危险;对他来说,这是一些伦理或者政治问题,而不是科学问题。正如 A. 罗弗(A. Lwoff)所说,一种基因突变致命与否,对物理学家来说,不多不少,不过是一种核酸碱基取代另一种而已。然而,正是在这种区别中,生物学家识别了他的对象的标志;以及他所从属的那种类型的对象,因为他活着,并且展示出了生物的本性,他将之付诸实践,他在知识活动中发展它。这种知识活动必须被理解为一种"直接或间接地解决人与环境之间的紧张的基本方法"。生物学家必须领会让生命成为知识的特定对象的东西,以及因此造成这样的状况的东西:在生命体的中心,因为它们是生命体,存在着易于理解的东西,以及在最终的分析中,易于理解生命本身的东西。

---

[1] 参见康吉莱姆的《17、18 世纪反射观念的形成》(*La formation du concept de réflexe aux XVIIe et XVIIIe siècles*, Paris, 1955)。

现象学向"真正的经验"追问每一种认识行为的原始意义。但我们不能够,或者不应该,在"生命体"本身当中去寻求它吗?

康吉莱姆,通过阐述与生命有关的知识以及表达这种知识的概念,想要重新发现它们当中那些属于生命的概念。它是这样一种概念:它是每一个生命体从它的环境中获得的信息的模式之一,而且,依靠这种信息模式,另一方面,它塑造了自己的环境。人生活在一个观念构造的环境中,这并不能证明他因为某种失察而偏离了生命,或者一场历史性的戏剧变化使他和生命分离开来了;这只能证明,他以某种方式生活着,他和自己的环境保持着某种关系而他对此却没有固定的看法,他可以扩展未曾明确限定的疆界,他必须四处活动以获得信息,他必须根据事物彼此的关系来移动它们,以便让它们变得有用。构成概念是一种生命的方式,而不是杀死生命的方式;它是一种处于完全的动态中的生命方式,而不是让生命静止;它在这成千上万向环境传递信息并且从外部环境中获得信息的生命体当中,显示出了一种变革。这种变革,你可以说是微不足道的,也可以说是很关键的:一种非常特别的类型的信息。

由此,在生物科学中,正常与病态的老问题与过去十年中生物学从信息理论中所借用的一系列概念的汇合,在康吉莱姆那里得到了重视:编码、信息、传递者,等等。由此看来,部分写于1943年和部分写于1963-1966年的《正常与病态》,毫无疑问,成为康吉莱姆最重要和最有意义的作品。在这里,我们看到了生命的独特性这一问题,在最近是怎样地从属于一个新方向的。在这个方向中,我们遇到了一些人们相信本身就属于最发达的进化形式的问题。

在这些问题的中心,则是关于错误的问题。因为在生命最基本的层面上,编码和解码的运行为意外留下了空间。这种意外,在生病、缺陷或者畸形发生之前,就像信息系统中的混乱一样,就像"错误"一样。生命就是能极度容许错误的东西。或许,考虑到非正常的问题贯穿了生物学的方方面面,这种既定的或者基本的可能性,应该被追问。我们同样应该用它来解释各种突变以及由他们引发的进化过程。我们也必须用它来解释这种特异的突变,这种"遗传的错误"。这种遗传的错误,使得生命和人最终成为一种永远不在其位的生命体,一种献身于"错误",并最终注定要走向"错误"。而如果我们承认,概念就是生命本身对这种偶然性的回应,那么,错误必然植根于造就人类的思想和历史的东西。正确与错误之间的对立,我们赋予两者的价值,不同的社会和机构赋予这种区分的力量所产生的效果——甚至所有这一切,都可能仅仅是对错误的可能性这个问题的最新的回应。错误的可能性,对生命来说,是内在的东西。如果科学史是非连续性的,即如果它仅仅能够被作为一系列"修正",作为一种正误的新分布(它最终将永远不会解放真理)来被分析,那是因为在这里,"错误"所构成的,不是对真理的忽视或者延迟,而是适宜于人类生命和物种的时间的维度。

尼采说,真理是最深刻的谎言。康吉莱姆,曾经离尼采最近同时也最远的人,或许会这样说,在生命的庞大的日程中,最近的错误就是这个;他会说,真伪之分及其相对于真理的价值构成了一种最独特的生命方式。而这种方式,本可以由本身从最初的起源就带有错误的可能性的生命所发明。对康吉莱姆而言,错误是一个永远的机会。生命和人类的历史正是围绕它而发展的。正是这种关于错误的观念,让他把自己对生物学的了解,加入到了他对历史的处理方式中。正如在进化论时代所做的那样,在这一过程中,他并没有期望从前者推导出后者。正是这种观念,让他强调了生命和关于生命的知识之间的关系,以及随后,像红线串联一样,又强调了价值和标准的呈现。

这位研究理性的历史学家,本身也是"理性主义者"。他也是一个关于错误的哲学家:我的意思是,正是从错误开始,他提出了哲学问题,我要说的是,关于真理和生命的哲学问题。在这里,我们毫无疑问触及到了现代哲学史上最基本的事件之一:如果伟大的笛卡儿的突破提出了真理与主体之间的关系问题,就真理与生命的关系来说,19世纪提出了一系列的问题。其中,《判断力批判》和《精神现象学》是最早的伟大论述。而且,从那时起,它就是哲学讨论的核心问题之一:关于生命的知识,是否必须只能被看作是取决于关于真理、主体和知识的普遍性问题的领域之一?或者,它迫使我们以不同的方式来提出这一问题?关于主体的整个理论是否不应该被重塑,因为知识并不向关于世界的真理开放,而是植根于生命的"错误"中?我们理解为什么康吉莱姆的思想、历史学和哲学著作,在法国,对那些从不同的观点出发(不管是马克思主义理论家、精神分析学家或者语言学家)试图重新思考主体问题的人来说,具有决定性的重要意义。现象学确实可以把身体、性别、死亡、感知世界引入到分析领域;我思仍然处于中心地位;科学的理性或者生命科学的专业性都不能够危及到它的奠基性作用。正是针对这种关于意义、主体和经验事物的哲学,康吉莱姆提出了关于错误、概念和生命体的哲学来加以反对。

《乔治·康吉莱姆的科学哲学：认识论和科学史》引言[1]

[法] 路易·阿尔都塞 吴志峰 译

我们要读到的这篇文章，第一次系统地梳理了乔治·康吉莱姆的著作。康吉莱姆是哲学家和科学史家，巴黎大学科学史研究所主任，在哲学界和科学界大名鼎鼎，所有对**认识论**和**科学史**的新探索感兴趣的人都知道他。他的名字和著作不久将会得到更广泛的关注。由朗之万[2]创办的杂志接受法国第一篇深入研究康吉莱姆的文章，这很合理。

认识论（或**科学哲学**），**科学史**，它们并不是新学科。为什么要谈到新的探索呢？对于一个历史悠久、已经有了许多重要著作

---

[1] 本文最初以皮埃尔·马舍雷的《乔治·康吉莱姆的科学哲学：认识论和科学史》一文"引言"的形式置于马舍雷的文章前，刊发于《思想》杂志第113期（1964年1-2月号），后收入"《思想》文存"之"阿尔都塞卷"（*Les dossiers de La Pensée: Louis Althusser*, Le Temps des Cerises, 2006）。——译注

[2] 保罗·朗之万（Paul Langevin, 1872-1946），法国物理学家，1888年和1893年先后考入巴黎物理和化学高等学院和巴黎高等师范学校，1909年任法兰西学院教授，1934年当选为法兰西科学院院士，是《思想》杂志的创办人之一。——译注

成果的思考领域来说,能指望有什么样的根本创新呢？每一位科学家,只要有一点点好奇心,难道不是都会对自己所从事的那门科学的历史感兴趣吗？每一位科学家难道不是都会(哪怕以一种简单的形式)对自己所从事的科学的难题、概念和方法的存在理由,向自己提出一些根本性的问题,对自己所从事的科学提出一些哲学的(认识论的)问题吗？对于每一门科学来说,不是已经存在一些杰出的、非常博学的著作吗？比如那些创作了近20年以来最伟大的数学著作、署名为布尔巴基[1]的数学家们本人,难道不是通过他们的全部著作,致力于为所有那些难题的解决提供一种预先的历史注释吗？至于科学哲学,可以追根溯源到哲学:从柏拉图到胡塞尔和列宁(《唯物主义和经验批判主义》),中间还有笛卡儿主义哲学、18世纪的理性主义哲学,康德和黑格尔,还有马克思。科学哲学绝不仅仅是哲学诸多部分中的一个部分:它还是哲学的本质部分。因为至少从笛卡儿开始,科学、现有的各门科学[2](先是笛卡儿的数学、然后是18世纪的物理学、19世纪的生物学和历史学、然后是自那以后的数学、物理学、数理逻辑和历史学),就成了一切哲学思考的指南和典范。马克思列宁主义哲学继承了这份遗产中最优秀的部分:它要求一种在深层的统一中相互映照的科学史理论和认识论。

---

[1] 布尔巴基(Bourbaki)是个虚构的人物,使用这个名字的是20世纪的一批法国数学家,最初的成员都来自巴黎高等师范学校,他们的目的是在集合论的基础上,用最具严格性、最一般的方式来重写整个数学的基础。以这个名字出版的著作有《数学原本》。——译注

[2] 这里第一个"科学"原文为单数,第二个"科学"原文为复数。——译注

今天,正好是这种统一成为难题、变得困难。很少有著作,无论是科学史著作还是认识论著作,给我们提出这种统一。更常见的情况是,历史学家通过讲述一系列的发现,或更好一点,通过讲述一系列的理论(以证明它们的进步,表明每一种理论如何回答了一些先前理论难以解决的难题,等等),来讲述关于某门科学的"故事"[1]。人们通过这种方式来暗示,科学的进步或"**历史**",要么取决于各种发现的偶然性,要么取决于给先前还没有得到回答的问题提供答案的必然性。科学史家通过这种方式向我们表明,他们为自己制造了**历史**,他们谈的是关于**历史**的某种观念(很少说出来,但却是事实):要么是偶然的**历史**观(一系列偶然的、天才的发现),要么是逻辑的**历史**观。我用逻辑一词,指的是蜕变,意思是指一切科学进步要通过解答那些在该科学前一阶段还没有被回答的问题而取得,因而相反,拒绝那些悬而未决的问题,提出一些完全不同的问题,就很少能取得科学的真正进步。刚才说到的这两种历史观(偶然的和逻辑的),都是唯心主义的。我们在18世纪百科全书派那里,在达朗贝尔、狄德罗、孔多塞和他们学生那里,可以找到这两种观念最纯粹的例证,它们在今天仍然普遍地被接受。

实际上,流传最广的科学史,常常只不过是简单的科学编年史。或相反,只不过是各种(唯心主义)**历史**哲学的编年史,它们在各门科学的发展中寻找所需之物,通过它们的"例子",为这些哲学所具有的意识形态"价值"辩护。同样,自笛卡儿以来的现代

---

[1] 这里的"故事"原文为带引号的"历史"(histoire),同时"讲述故事"(raconter l'histoire)在法语中还有"编故事"(欺骗人)的意思。——译注

批判理性主义（唯心主义）哲学的本质部分，也即这种哲学献给科学的很大一部分，更经常地只不过是以某门科学的结构为例子，利用这门科学的一些难题，来为那些提出和保卫整个唯心主义哲学的意识形态论点进行辩护。

近些年以来，在明确的理论形势的作用下，旧的科学史观念和科学哲学（认识论）观念重新受到质疑。这个形势就是，从真正的科学难题出发，从不同但又相对集中的难题性出发而提出来的一些理论问题相遇了。也就是马克思－列宁、胡塞尔、黑格尔，甚至尼采（对于懂得历史"诡计"的人来说，这虽然矛盾，但却又真实），还有所有那些来源于语言学模型在今天的有效性的理论问题相遇了。一些新道路已经被开创了，在认识论方面，是由卡瓦耶斯、加斯东·巴什拉和儒勒·维耶曼[1]开创的，在科学史方面，是由乔治·康吉莱姆和米歇尔·福柯开创的。

这些探索的第一个创新，在于一个根本性的、然而直到当时为止经常被忽视的要求：即谨小慎微地尊重真正的科学现实。新的认识论专家很像"脚踏实地"的人种学家：他们近距离地观察科学，拒绝谈论自己所不知道的东西，拒绝谈论仅仅通过二手、三手（不幸的是，布伦士维格就是这样），或从外面即从远距离所了解的东西。这种对诚实的简单要求，对所谈论的现实进行面对面的科学认识的要求，使经典的认识论难题发生了巨大变化。现代认识论专家已经完全发现，科学中的事情根本不像人们以前所认为

---

[1] 儒勒·维耶曼（Jules Vuillemin，1920－2001），与阿尔都塞同级（1939）；长期任法兰西学院认识哲学教授，在20世纪50年代曾与阿尔都塞有过很多讨论。——译注

的那样发生,尤其不像许多哲学家所认为的那样发生。

  这些探索的第二个创新,在于另一个根本性的要求:即把简单的历史编年或历史哲学(即一种关于历史、历史的进步、**理性**的进步等等的意识形态观念)当成**历史**,不可能是合法的。这里仍然是那些研究历史的新历史学家在脚踏实地。他们通过大量的探索工作,对真正历史的现实本身,进行了深入细节的研究。(他们之所以要进行大量的探索工作,是因为他们不得不利用确实不为人知的资料,那是他们的前辈因不能利用其为自己的论证服务而拒绝了的资料,是因其与官方真理相矛盾而被官方遗忘、埋没了的资料。)同样是他们,发现历史中的事情也不像人们以前所认为的那样发生。马克思在他自己的时代,就对被大家认为是历史中最"科学的"部分,即英国的政治经济学,做了同样的实验,——当然也对关于**历史**的意识形态观念,对历史"发动机"的观念,对经济、政治、思想各自作用的观念做了同样的实验。新的科学史家——他们有时候不会自称是马克思主义者(乔治·康吉莱姆对马克思很熟悉,但他在自己的著作中引用的都是别的大师,从孔德[1]到卡瓦耶斯和巴什拉)——在自己的探索工作中,也做了同样的实验。这些实验开始把自己结果呈现给我们了。

这是一些重要的结果:它们正在给关于认识论和**历史**的经验主义的、实证主义的、唯心主义的传统旧观念带来巨大变化。

第一个结果:区分科学工作的真正现实和对这种现实的自发的"实证主义的"阐释(应该在意识形态的意义上来理解"实证主义的"这个词,它与孔德用来给自己关于人类历史和科学史的唯心主义观念命名的"实证主义"[2]有一定的区别)。科学不再表现为是对某个人们可能发现或揭示的赤裸裸的既定真理的简单确

---

[1] 乔治·康吉莱姆不会反对奥古斯特·孔德这段令人钦佩的话:"……事实上,不仅仅是每门科学中被人们用**教条的**秩序分隔开的各个部分,同时在发展,相互之间没有影响——这使得人们倾向于优先考虑**历史的秩序**——;而且在总体上,在人类精神的实际发展过程中,我们又看到,不同的科学事实上同时在促进彼此的完善;甚至看到科学的进步和艺术的进步通过数不清的互相影响而彼此依赖。最终,一切都与人类社会的总体发展紧密联系在一起。这根宏大的链条是如此真实,以至于为了能有效地概括出一种科学的理论,精神就要考虑到某种**与它没有任何理性联系的艺术**的完善,**或甚至是社会组织方面的某种特殊进步(没有它就不可能有这种发现)**。我们会在接下来的大量例证中看到这一点。由此得出的结论是,**只有对人类的历史进行直接而全面的研究,才能认识每门科学真正的历史,即这门科学所包括的各种发现的真正形式**。因此,迄今为止所收集到的与天文学、医学、数学的历史有关的一切文献,无论多么珍贵,都只能被当作材料来看待。"参见奥古斯特·孔德,《实证主义哲学教程》第二讲,Gouhier, Aubier, 115.

[2] 这里的"实证主义的"和"实证主义"对应的原文分别是"positiviste""positivisme"。——译注

认,而是知识的生产(它有自己的历史),这种生产被一些复杂的要素统治着,它们包括各种理论、概念、方法,和把这些不同的要素有机联系起来的多重的内在关系。认识一门科学的真正工作,就意味着认识这整个复杂的有机总体。

  第二个结果:这种知识意味着另一种知识,即关于真正的生成[1]的知识:理论-概念-方法的有机总体及其结果(科学的发现和成就)的历史知识(那些结果会通过修改其形状和结构逐步自己融合为一个整体)。由此,历史,科学的真实历史,表现为与任何认识论是不可分的,表现为认识论的基本条件。但是,这些研究者所发现的历史,也是一种新历史,它没有了先前唯心主义历史哲学的外观,它首先放弃了关于机械的进步(达朗贝尔、狄德罗、孔多塞等人的累加式进步)或辩证的进步(黑格尔、胡塞尔、布伦士维格)——连续的、没有断裂、没有矛盾、没有倒退也没有跃进的进步——的唯心主义旧图式。出现了一种新历史,即科学**理性**生成的历史,但它抛弃了安慰人的唯心主义的过分简化。这种过分的简化认为,就像善行从来不会落空,总会得到好报一样,科学问题绝不可能一直没有答案,而是总会找到自己的答案。这个现实有点过于出于想象了,实际上存在着一些永远没有答案的问题,因为那是想象中的问题,不与真正的难题相对应;存在着一些想象中的答案,它使自己避开了的真正难题没有了真实的答案;存在着一些自称为科学的科学,其实只不过是某种社会意识形态的科学主义诈骗;存在着一些非科学的意识形态,却通过一些悖论的相遇,带来了一些真正的发现(就像两种不同的物体碰撞时

---

[1] "生成"的原文为"devenir",即"变成、成为"的意思。——译注

迸发出火花一样)。由此,历史的全部复杂的现实,通过其所有经济的、社会的、意识形态的规定性,开始在关于科学史的智慧本身中发挥作用。巴什拉、康吉莱姆和福柯的著作已经为此作出了证明。

在这些有时候特别令人惊讶的结果(乔治·康吉莱姆就这样令人惊讶地证明了,在历史上,反射理论不是像大家纯粹为了辩护的需要所认为的那样,从17世纪的机械论意识形态中产生,而是从活力论意识形态中产生的)面前,有可能犯的最大的错误,就是认为它们会让我们陷入形形色色的非理性主义。这个错误虽源于一个轻率的判断,但其后果却很严重。事实上,这种新的认识论和作为其基础的新科学史,是真正理性地把握其对象的科学形式。虽然理性主义过去可能是唯心主义的,但它在自己选择的旧领域也可能产生某种转变,从而走向唯物主义和辩证法。对此感到惊讶或不安的,当然不是马克思主义者。列宁在半个世纪之前,早就在那些谁都说得出来的著作中指出了这一点。

译后记

2011年秋,陕西师范大学的赵文师兄和陈越老师邀请我翻译康吉莱姆的《正常与病态》一书。当时,我还处在毕业后适应新环境的过程中。离开生活了七年的燕园,每天都醒在陌生的地方,大部分时间又没完没了地纠缠于各种琐事中,而最为无奈的,是眼睁睁地看着昔日朝夕相处的师友循着各自的人生轨迹日渐疏远。每每夜深人静,伴随着秒针的滴答,我才发现,一种"流放"的苦闷和寂寞,像铅一般慢慢地灌进了身体里的每一个细胞。在这种状态下,一接到邀请,我二话没说便答应了。

就翻译而言,最理想的状况,当然是译者从自己长期的研究领域中选择感兴趣的并认为有价值的对象进行翻译。而今,很多译者却"仅习其语而不能通其学"(张之洞《劝学篇·广译》),使得翻译被降低为一种纯体力劳动。译者从思想和学术前沿消失,退化为勤务兵。而我自己,因为才疏学浅,也未能免俗,常常为自己和翻译对象之间的"包办婚姻"苦恼和惶恐不安。迄今为止,我一共翻译了四本书和一些文章。每一次的机缘都各不相同,有的是因为无法回绝的盛情,有的是因为想表现自己而冒险,有的是因为想获取相关知识。很多时候,所面对的都是陌生的翻译对象。这使我常常感到力不从心,也因此一次次决定知难而退洗手不干。然而,这一次接到邀请,我却毫不犹豫地答应了,尽管我对康吉莱姆的印象,仅限于杜小真编选的《福柯集》中所收入的《正常与病态》的序言,以及林志明译《古典时代疯狂史》导言中的三言两语(林译其名为巩居廉)。作为一个业余的思想爱好者,我倒是读过一些福柯的著作,但对他的老师康吉莱姆,我的了解就这么多。因此,我肯定不能算是此书最合适的译者。接受此项翻译任务,对我来说,完全是出于私心:这项高强度的精神劳动,对苦闷迷茫中的我来说,是一场及时的救赎。对康吉莱姆的逐渐了解、阅读、理解和翻译,伴随着我这几年的迷茫和挣扎,因此对我有着特别的意义。

乔治·康吉莱姆,1904年6月4日生于法国南部奥德省(Aude)的卡斯特诺达里(Castelnaudary)。他在巴黎的亨利四世中学(Lycée Henri-IV)完成了中学学业,并在那里受到了著名哲学家埃米尔·沙蒂耶(Émile Chartier,又名阿兰[Alain])的影响。1927年,康吉莱姆进入巴黎高等师范学校(l'École normale supérieure)学习,同学中有让·卡瓦耶斯、让-保罗·萨特、雷蒙·阿隆等人。1927年,他获得了哲学会考文凭,随后辗转于查尔维尔(Charleville)、阿尔比(Albi)、杜埃(Douai)、瓦朗西纳(Valenciennes)、贝济耶(Béziers)和图卢兹(Toulouse)等地,担任中学或大学教师,并开始学习医学。后来,他又到克莱蒙费朗接替卡瓦耶斯担任哲学教师。同时,作为医学博士生,他和卡瓦耶斯,以及著名的抵抗运动英雄埃马纽埃尔·达斯蒂耶·德·拉·维热里(Emmanuel d'Astier de La Vigerie)签署了第一份抵抗运动宣言《解放》(«Libération»)。1941年,康吉莱姆获得任命,担任斯特拉斯堡大学教师。两年后，他的论文《关于正常和病态的几个问题的论文》(Essai sur quelques problèmes concernant le normal et le pathologique)通过了答辩。这就是本书的第一部分。当时，在战乱中流亡的斯特拉斯堡大学，正寄居于克莱蒙费朗大学校园。就在他答辩的这一年，盖世太保占领了学校。康吉莱姆在卡瓦耶斯的帮助下成功逃脱(后者不幸被捕，后被枪杀)，并参与了奥弗涅(Auvergne)的抵抗运动，担任抵抗运动领袖亨利·安格兰(Henry Ingrand)的助手，后又成为联合抵抗运动理事会成员。1944年，他还在克莱蒙费朗南部的穆谢山(Mont Mouchet)参加了战斗，并开办了野战医院。1948年，他被任命为斯特拉斯堡大学哲学总监察官。1953年，他接替老师加斯东·巴什拉，出任索邦大学教授和科学史研究所(l'Institut d'histoire des sciences)主任，直至1971年。在这些年里，他培养了一大批优秀学生，如帕特里克·沃迪(Patrick Vauday)、弗郎索瓦·达高涅(François Dagognet)、吉尔·德勒兹(Gilles Deleuze)、多米尼克·勒库特(Dominique Lecourt)、卡米耶·利摩日(Camille Limoges)、何塞·卡巴尼斯(José Cabanis)、唐娜·哈拉维(Donna Haraway)、米歇尔·福柯(Michel Foucault)、让·斯瓦热尔斯基(Jean Svagelski)、让-彼埃尔·波登(Jean-Pierre Bourdon)等。我们已经知道，康吉莱姆就是福柯的论文《癫狂与非理性：古典时代疯狂史》(Folie et déraison, histoire de la folie à l'âge classique)的指导老师。1987年，康吉莱姆被授予法国国家科学研究院(Centre national de la recherche scientifique)金质奖章。1995年9月11日，康吉莱姆逝世于马里勒鲁瓦(Marly-le-Roi)，享年91岁。2002年，巴黎第七大学创办了生命科学与医学的历史、哲学研究中心，并以康吉莱姆的名字命名(Centre Georges

Canguilhem),以纪念他在科学史和认识论方面的杰出成就。

康吉莱姆的学术兴趣,集中在科学史(尤其是生物学史和医学史)和认识论上。他的主要著作有:《关于正常和病态的几个问题的论文》(1943,1966 年增补为《正常与病态》)、《生命的知识》(*La connaissance de la vie*,1952)、《17、18 世纪反射观念的形成》(*La formation du concept de réflexe aux XVIIe et XVIIIe siècles*,1955)、《从发展到 19 世纪的进化》(*Du développement à l'évolution au XIX siècle*,1962)、《科学史和科学哲学研究》(*Études d'histoire et de philosophie des sciences*,1968)、《生命科学史中的意识形态和理性》(*Idéologie et rationalité dans l'histoire des sciences de la vie*,1977)、《健康:普通概念,哲学问题》(*La santé, concept vulgaire et question philosophique*,1988)。这其中,以前两部最为重要。

在法国,长期以来,人们对哲学的兴趣,总是包含在数学或者物理学中,而生物学则被忽略了。与之相比,在德国,生物哲学则是思想史研究的重要途径。康吉莱姆的研究,填补了法国思想史的空白。他进入医学研究领域,不是为了献身于某一门具体的学科,而是把医学作为深入人类具体问题的一种途径。对他来说,医学包含着他所关心的问题(科学与技术的关系、正常与病态的关系)的有关信息和材料。他的研究,就是要利用医学信息来修正并革新某些方法论观念。[1]《关于正常和病态的几个问题的论文》正是在这样的背景下诞生的。

---

[1] Lagache Daniel,《乔治·康吉莱姆的〈正常与病态〉》(«Le normal et le pathologique d'après M. Georges Canguilhem»). *Revue De Métaphysique Et De Morale*,51.4,1946:355–370.

在本书的一开始,康吉莱姆就质疑了19世纪学者们的方法论。在他们那里,病态现象与相应的正常现象具有同一性,前者仅仅是后者的量变。布鲁塞就认为,非正常即是刺激的过量。原因的量变可能导致结果的质变。孔德和贝尔纳将这一观念推向了成熟。孔德将之运用到了社会学和心理学上,并对后世哲学产生了影响。而贝尔纳的影响,则主要在医学层面上。康吉莱姆认为,量变的连续性并不能完全消除健康与疾病之间的异质性,性质上的差异在表现上仍然是极端的。由此,他从观念史的角度考察了正常、非正常以及与之相关的疾病、标准、平均等概念。拉朗德认为,正常是一种价值。这种价值来自于生命本身,而不是病态或生物学。而非正常并非疾病。疾病,是在时间中,根据病人本身的情况来定义的。而非正常是在空间中定义的,无需参照病人的情况。人们很难确定非正常什么时候会显现出来。最后,康吉莱姆将这一问题落实在了认识结构上,区分了生理学和病理学,并特别指出:"客观的病理学是不存在的。结构和行为可以被客观地描述,但是,它们不能够按照某些纯客观的标准条款而被称作'病态的'。客观地说,如果没有有正面的或者负面的生命价值,人们所能定义的就只有变化或者差异。"由此,康吉莱姆揭示了科学知识被制度化的过程。而本书第二部分,即康吉莱姆在20世纪60年代的思考,有人认为并不是很成功,但显示出了他把生物学方面的思考推及到社会机体上的努力。[1]

---

[1] Maulitz Russell,《关于乔治·康吉莱姆的〈正常与病态〉》(«On The Normal and the Pathological by Georges Canguilhem»), *Isis* Vol. 71, No. 4, 1980 年 12 月:674.

在后来的《生命的知识》中，康吉莱姆从生物学方法、细胞理论发展史以及哲学与生物学的关系三个方面，通过考察生物作为一门科学的建立过程，继续了正常与病态的话题。康吉莱姆首先考察了动物生物学实验中的方法，并指出了其认识论上的障碍，比如，特性（spécificité），在同一物种中，由一个变种（variété）推及到另一个变种是很困难的，由一个物种推及到另一个物种也是很困难的，最终由动物推及到人类也是很困难的。康吉莱姆主张通过历史的追溯来更好地理解科学观念，而不应该通过类比法。他认为，布冯的原子论和奥肯的自然哲学都预见了细胞理论的诞生。这两人的共同之处在于，他们都承认生物世界具有统一性。这种统一性建立在一个特有的原则之上，并以"细胞"来命名。对康吉莱姆来说，自然世界的统一是一个形而上学的问题，并不是直接建立在事实基础上的。这表明，我们是先入为主地建立了一种形而上学，由此来确定我们理解事物的方法。由此，他的考察进入了哲学层面。康吉莱姆陈述了生命动力的独特性，而对活力论展开了批评。他认为，活力论是一种机械决定论。它把生物置于生化平衡的机械结构中，从而无法解释这些生物的独特性和生命的复杂性（对活力论的批评，在《17、18 世纪反射观念的形成》中还在继续）。由此，他探讨了通过生命与其所处的环境的关系来理解生命的可能性，并在此基础上继续讨论了正常与病态的问题。他指出，从生命与环境的关系而言，对正常的生命来说合适的东西，对变异了的生命就不一定合适。对个体环境的适应，是健康的基本前提。活着并不仅仅是要让自己生长并保存自己，而是要面对风险并战胜它们。"正常"并不具有绝对的意义，而是对现实和生命的适应。这样，关于生命的正常与病态的问题，再次被从物理-化学的机械性层面挽救了回来,恢复了其社会性维度。

1955 年出版的《17、18 世纪反射观念的形成》,也是康吉莱姆博士论文的延展。在这本书中,他考察了反射这一概念在 17、18 世纪形成的历史过程。正是在这段时间里,人类针对神经系统和肌肉系统的关系进行了首次实验,并最终形成了动物非自主运动的理论。反射这一概念在很大程度上源于笛卡儿关于不自主运动的机械论。17 世纪,意大利的医疗力学(iatromechanics)学派的桑托里奥(Sanctorius)等人批判了笛卡儿的"动物元气"说,提出了一种机械论的反射运动的概念。根据这一概念,运动的产生,是由推动肌肉运动的硬脑膜和神经分泌液共同完成的。英国人托马斯·威利斯(Thomas Willis)则把神经看作是一种独特的器官,而大脑是信息交换的中心。威利斯的观念所产生的影响,一直延续到今天。康吉莱姆的研究,不是要为科学发现或者科学思想提供具体数据,而是通过追溯反射观念的形成,清楚地呈现人们对笛卡儿的机械论观念的批判。

《从发展到 19 世纪的进化》《科学史和科学哲学研究》两本书都是多年来发表于各处的论文散篇的合集。前者收入了 9 篇文章,讨论了沃尔夫、孔德、斯宾塞、达尔文、赫胥黎等人的生物学理论,展现了发展和进化这两种观念形成的过程。《科学史和科学哲学研究》的写作跨度长达 20 年,涉及的话题有规训(discipline)、科学史研究的意义、语言与交流等等话题。

《生命科学史中的意识形态和理性》考察了意识形态这一概念在生物学理论中的使用,也就是它们的政治、社会方面的意图。为此,康吉莱姆提出了"科学意识形态"(idéologie scientifique)这个概念。所谓科学意识形态,类似于一种元科学(proto-science),即一种不成熟的科学,它以某门现有的科学为范式,而且,因为不能够根据对象的特殊性来认识它,它的基础是不太确定的,而且采用的是笼统的方法。

从《正常与病态》到《生命的知识》,一直到后来的《科学史和科学哲学研究》《生命科学史中的意识形态和理性》,康吉莱姆的科学史研究都明确地向着社会和历史维度敞开,但他并不是要从科学中寻找一种价值来取代宗教和形而上学的价值,而是不停地思考着如何理解人以及我们的文明的问题。[1] 正如他自己所说:"科学史不是一门科学,它的对象也不是科学的对象。从更有操作性的意义上说,科学史这个术语,是哲学认识论不那么自然的功能之一。"[2]

正如有人所说,要认识莎士比亚,需要先认识他同时代的马洛及其他不知名的剧作家。而同样,要理解福柯,也最好是从阅读我们不那么知晓的康吉莱姆开始。为了便于阅读,本书还附录了两篇文章,供读者参考。其一是福柯为 1978 年 Reidel 出版公司的英文版撰写的导言。另外一篇是阿尔都塞为皮埃尔·马舍雷的《乔治·康吉莱姆的科学哲学:认识论和科学史》一文撰写的引言,由吴志峰兄由法文译出。

---

[1] Jean-Jacques Salomon,《乔治·康吉莱姆或现代性》(«Georges Canguilhem ou la modernité»), *Revue De Métaphysique Et De Morale* ,90.1,1985:52-62.

[2] 乔治·康吉莱姆,《科学史和科学哲学研究》(*Études d'histoire et de philosophie des sciences*),序言,Paris, Vrin édit, 1968:23.

本书的翻译，是在我这两年多来身心的不安定中断断续续地完成的。在此，我首先要向西北大学出版社的任洁编辑表示感谢和歉意。我一次次无理由地推迟交稿，给她的工作造成了极大的困扰。在译稿完成后，吴志峰兄不辞辛劳，为我校订译稿，修订了许多错讹之处。在此，我要向吴志峰兄表示特别的感谢。当然，本书的一切错漏，均由我负责。

　　我不知不觉地走上学术翻译的道路，离不开很多师友的信任和提携。为此，我要向陈越老师、薛毅老师、刘皓明老师、姜涛老师、吴敏老师、赵文师兄、冷霜师兄、张雅秋师姐等表示感谢。我的长兄李祖德时刻关注着本书的翻译。从小到大，每有困难，我第一个想到的就是他。多年来，为了我的成长，他做出了巨大的牺牲。在翻译过程中，阳祝云给了我许多的帮助和鼓励，让我转身背对黑暗和荒芜时，发现这个世界是如此地平静柔和。

李　春

2014 年 4 月 16 日于成都

图书在版编目(CIP)数据

正常与病态/(法)康吉莱姆著;李春译.—西安：西北大学出版社,2015.1
(精神译丛/徐晔,陈越主编)
ISBN 978-7-5604-3569-5

I.①正… II.①康… ②李… III.①病态心理学 IV.①B846

中国版本图书馆CIP数据核字(2015)第012980号

正常与病态
[法]乔治·康吉莱姆 著
李春 译

出版发行：西北大学出版社
地　　址：西安市太白北路229号
邮　　编：710069
电　　话：029-88302590
经　　销：全国新华书店
印　　装：陕西博文印务有限责任公司
开　　本：889毫米×1194毫米　1/32
印　　张：9.625
字　　数：200千
版　　次：2015年1月第1版　2015年1月第1次印刷
书　　号：ISBN 978-7-5604-3569-5
定　　价：50.00元

LE NORMAL ET LE PATHOLOGIQUE

By Georges Canguilhem

Copyright © Presses Universitaires de France. 11th edition, 2009.

Chinese simplified translation copyright © 2015

by Northwest University Press Co., Ltd.

ALL RIGHTS RESERVED